Tous nos ouvrages sont disponibles aux

Éditions Decoopman
Ferrières
30440 Saint-Laurent-le-Minier
Tel : +33 (0)4.67.73.90.95
web : www.decoopman.com
e.mail : livres@decoopman.com

Olivier Lacaux
Jean Castanier

I.S.B.N. 978-2-36965-235-9
Dépot légal : 1e trimestre 2026

Collection

- **Horlogerie** -

- *Histoire de l'École Nationale d'Horlogerie de Cluses* - R. Baierlein
- *Comptage du temps et chronographe* - R. Baierlein
- *L'horloger rhabilleur* - J.-E. Perségol
- *Gnomonique* - G. Bigourdan
- *Échappements d'horloges et de montres* - C. Gros
- *L'horloger à l'établi* - C. Gros
- *Manuel d'horlogerie*- P. Foucher
- *L'Horloger* - C. Poncet
- *L'Horloger - Sonneries* - C. Poncet
- *Traité d'horlogerie moderne* - C. Saunier
- *Guide-manuel de l'horloger* - C. Saunier
- *L'art de connaître et soigner les montres et les pendules* - J. Gondy
- *L'horlogerie électrique* - A. Tobler
- *Encliquetages* - F. Balavoine
- *Échappements à ancre* - École d'horlogerie de Cluses
- *L'art de l'Horlogerie en 30 leçons*
- *Histoire de l'Horlogerie* - Pierre Dubois
- *Les merveilles de l'horlogerie* - C. Portal & H. de Graffigny

L'ART DE CONNAÎTRE LES PENDULES ET LES MONTRES

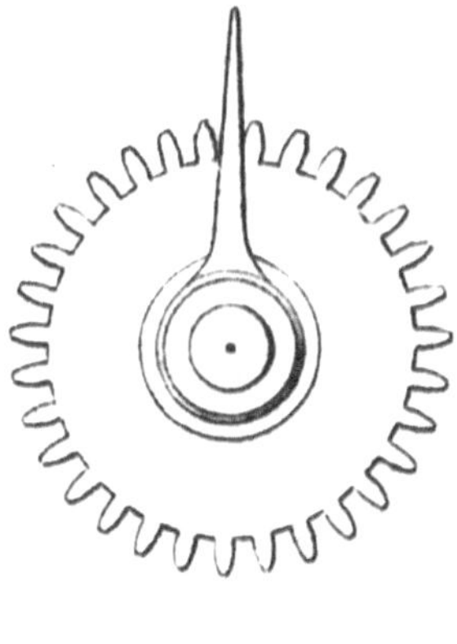

Henri ROBERT

Horloger de la reine et des princes

1849

PLAN
de la
Première partie de cet ouvrage

On croit communément que, dès que l'on a fait l'acquisition d'une montre, et qu'on l'a une fois mise à l'heure, il ne s'agit plus que de la remonter chaque jour et qu'elle doit, dès lors, marcher avec une justesse constante sans qu'il soit besoin d'y toucher. Il y a même des personnes qui prétendent que ces machines doivent aller comme le soleil ; d'autres enfin qui croient que leurs montres s'étant rencontrées deux fois avec le soleil, elles vont en effet comme lui. Mais les uns et les autres sont bien éloignés de sentir l'impossibilité de ce qu'ils exigent car, pour peu qu'ils connussent cet objet, ils verraient :

1. Que les montres ne peuvent marcher constamment juste ;
2. Que le mouvement du soleil est variable, que cet astre marche tantôt d'un mouvement accéléré et tantôt d'un mouvement retardé ;
3. Qu'en supposant qu'on parvînt à faire aller les montres aussi bien que la meilleure pendule à secondes (ce qui est impossible), elles ne pourraient ni ne devraient suivre les écarts du soleil.

J'ai donc cru qu'un ouvrage où seraient exposées, le plus brièvement possible, quelques-unes des causes qui s'opposent à la justesse des montres (ce qu'on doit attendre de ces machines), la manière de les conduire, etc., deviendrait utile au public.

Il ne serait pas moins utile aux horlogers, puisque les peines qu'ils se donnent pour faire de bonnes montres sont en pure perte, si ceux à qui ils les vendent ne savent pas les conduire.

Ce sont ces considérations qui m'ont fait entreprendre cet ouvrage. Pour parvenir à ce but, j'ai commencé par définir ce qu'on entend par *temps vrai* et *temps moyen*, termes fort en usage, le premier, pour désigner le temps qui est mesuré par le soleil, le second, par une bonne pendule. J'ai donné la description d'une pendule et d'une montre, et pour aider à mieux entendre ce que j'ai dit sur leur mécanisme, j'ai fait graver avec soin les principales pièces de ces machines.

J'ai fait voir que le mouvement du soleil est variable, et ne peut servir à régler les pendules et les montres que dans le cas où on fera la correction de ses écarts et que ces machines ne peuvent suivre naturellement que le temps moyen et que, par conséquent, une pendule ou une montre qui irait comme le soleil varierait. On fait cependant des pendules qui marquent le temps moyen et le temps vrai, on les appelle *pendules à équations* ; elles ne marquent le temps vrai que par artifice. On a fait aussi quelques montres à équations, mais la plupart fort compliquées et peu exactes.

J'ai rendu raison de quelques causes des variations des montres, de la manière de juger de leur justesse, en quoi une montre qui va juste diffère de celle qui est réglée et de celle qui varie.

Comme il est nécessaire que chaque personne se donne la peine de conduire et de régler sa montre, j'ai expliqué les opérations à mettre en usage.

Le passage du soleil au méridien étant la mesure la plus naturelle du temps et la plus facile pour comparer et régler les montres et les pendules, j'ai donné des méthodes aisées pour faire usage des tables des variations du soleil, qu'on nomme *Tables d'équations*.

J'ai expliqué comment il faut tracer des méridiennes, propres à régler les pendules et les montres.

On trouvera aussi quelques moyens propres à mettre en usage pour acquérir de bonnes montres et pendules, et pour conserver ces machines. Enfin, j'ai rassemblé dans un seul article tous les soins qu'il faut prendre pour bien conduire et régler les montres et les pendules ; il sera utile à ceux qui voudront se dispenser de lire le reste de ce livre.

Je n'ai rien négligé pour remplir l'objet que je me suis proposé, en publiant ce petit ouvrage, qui est d'instruire ceux qui n'ont aucune notion des machines qui mesurent le temps, de leur apprendre la manière de les gouverner. Je n'ai pas voulu entrer ici dans de trop grands détails sur la partie scientifique de l'horlogerie, crainte de devenir trop long et trop abstrait, et de rebuter ceux qui voudront seulement s'amuser à prendre une idée de cet art. J'ai traité les diverses parties de l'art de la mesure du temps dans mon *Essai sur l'Horlogerie*.

PREMIÈRE PARTIE

- I -

De la division du Temps : le Temps vrai et le Temps moyen

Le temps qui s'écoule depuis le passage du soleil au méridien[1], jusqu'à son retour au même méridien, est celui que les astronomes appellent *jour naturel* ou *solaire.*

Le jour se divise en 24 parties égales qu'on appelle heures ; l'heure se divise en 60 parties appelées minutes et la minute se divise en 60 parties, qu'on appelle secondes[2].

Un jour contient donc 1 440 minutes, l'heure 3 600 secondes, et un jour contient 86 400 secondes.

Tous les jours de l'année ne sont pas exactement de 24 heures car tantôt le soleil emploie 24 heures et quelques secondes depuis le midi d'un jour au midi suivant, et tantôt 24 heures moins quelques secondes depuis le midi d'un autre jour au midi suivant, etc. Le mouvement du soleil est donc variable, ainsi qu'il est aisé de s'en convaincre. Si l'on a une bonne pendule à secondes dont le mouvement soit uniforme et qui soit tellement réglée, qu'après avoir été mise avec le soleil un jour quelconque, elle marque autant de fois midi que le soleil, et qu'au bout

(1) On appelle quelquefois méridien un plan ABCD (fig. 20), qui est tellement disposé que, lorsque chaque jour le soleil est parvenu au point de sa plus grande élévation ou hauteur au-dessus de l'horizon, l'ombre de la plaque E du style FE est divisée en deux parties égales par la ligne FM. On appelle méridienne la ligne FM., et midi l'instant où l'ombre du style E est partagée par la méridienne. On nomme méridien un plan qui se trouve dans la ligne méridienne et qui partage en deux parties égales le disque du soleil au moment de sa plus grande hauteur. La ligne du midi d'un cadran solaire a les mêmes propriétés que la méridienne.

(2) Les astronomes divisent la seconde en dixièmes pour les observations et même en centièmes pour les calculs. Ces quantités de temps sont si petites, qu'elles sont inappréciables pour les usages civils.

d'un an à pareil jour le midi de la pendule se rencontre avec celui du soleil, alors on verra que dans les autres jours de l'année la pendule marquera midi, tantôt avant et tantôt après celui du soleil. Or, puisque la pendule est supposée se mouvoir d'un mouvement uniforme, il faut nécessairement que la différence des deux midis soit causée par la variation du soleil. Si l'on a donc une pendule telle que nous venons de le dire, que, le 23 décembre, on la mette à 4 secondes en retard sur le soleil, nous allons rapporter les différences qu'il y aura entre les deux midis pendant le cours de l'année(3).

Le 24 décembre, le midi du soleil retardera de 30 secondes sur le midi de la pendule et cet écart ira toujours en augmentant jusqu'au 11 février, jour auquel le midi du soleil retardera de 14 minutes 44 secondes sur celui de la pendule. Depuis le 11 février, ce retard ira en diminuant jusqu'au 14 avril ; ce jour-là, le midi du soleil et celui de la pendule seront ensemble : le 15 avril, le midi du soleil avancera de 9 secondes, et il continuera ainsi à avancer jusqu'au 10 mai, où il sera en avance de 3 minutes 59 secondes ; le midi du soleil se rapprochera insensiblement de celui de la pendule jusqu'au 15 juin ; les deux midis seront de nouveau ensemble ce jour. Le 16 juin, le soleil retardera de 8 secondes sur la pendule, et continuera ainsi à retarder de plus en plus jusqu'au 25 juillet, que le midi du soleil sera en retard de 5 minutes 56 secondes sur le midi de la pendule. Ce retard ira en diminuant jusqu'au 31 août, que le midi du soleil et celui de la pendule seront ensemble. Enfin le premier septembre, le soleil avancera de 27 secondes sur le midi de la pendule et continuera ainsi à avancer de plus en plus jusqu'au premier novembre où il avancera ce jour de 16 minutes 9 secondes ; dès lors il avancera de moins en moins, de sorte que les deux midis seront de nouveau ensemble le 23 décembre.

Les différences qu'on aura aperçues entre le midi de la pendule et celui du soleil prouvent donc l'inégalité des jours et des heures qui sont mesurées par le soleil. C'est par cette raison que les astronomes ont été obligés d'imaginer des jours *fictifs* tous égaux entre eux, et moyens entre le plus long et le plus court des jours inégaux. Pour déterminer ces jours, ils ont pris le nombre d'heures dont la révolution annuelle du soleil est composée et ils ont divisé le temps total de ces heures inégales en autant de parties qu'il y a d'heures, dont 24 sont un jour. Les heures qu'ils ont trouvées par cette méthode sont parfaitement égales entre

(3) Les quantités indiquées ici par Ferdinand Berthoud ne sont pas exactes et ne peuvent pas l'être, l'équation du temps n'étant pas la même chaque année. (Voir les Tables d'équation.)

elles et sont tantôt plus longues et tantôt plus courtes que celles du soleil : telles sont les heures marquées par la pendule supposée.

On appelle *temps moyen* celui qui est ainsi réduit à l'inégalité ; c'est le même qui est marqué par la pendule réglée comme nous venons de le dire.

Le temps qui est mesuré par le passage du soleil au méridien, c'est-à-dire par le midi du soleil, est celui qu'on appelle le *temps vrai* ; on nomme *équation du temps* la différence de chaque jour entre le midi du soleil et celui de la pendule, c'est-à-dire que l'équation est la différence du temps vrai au temps moyen.

Les astronomes ont dressé des tables qui marquent pour tous les jours de l'année la différence du midi du soleil au midi de la pendule, c'est-à-dire du temps vrai au temps moyen(4).

Je ne m'arrêterai pas ici à expliquer les causes des variations du soleil, il suffit d'avoir fait connaître qu'il varie et de donner des tables de ces écarts. Ceux qui désireront s'instruire de ces causes peuvent consulter les ouvrages qui traitent de l'Astronomie.

Au reste, il est bon d'observer que, quoique le soleil varie, on peut se servir des passages aux méridiens et de la ligne de midi des cadrans solaires, pour régler les pendules et les montres sur le temps moyen, ce qui devient facile, dès que l'on sait combien le temps vrai varie chaque jour par rapport au temps moyen.

(4) On trouve ces tables dans la *Connaissance des Temps* et dans l'*Annuaire du bureau des Longitudes.*

- II -

Explication du mécanisme d'une pendule : comment elle mesure le temps

Les pendules et les montres sont des machines tellement disposées, que leurs roues dentées font leurs révolutions d'un mouvement uniforme, et que les aiguilles portées par les axes(5) de ces roues, marquent les parties du temps sur un cadran divisé en parties égales. Nous allons expliquer, le plus simplement que nous pourrons, comment on dispose ces machines pour mesurer le temps par leur moyen.

La figure 1 représente le profil d'une pendule : P est un poids suspendu par une corde qui s'enveloppe sur le cylindre ou tambour C, fixé sur l'axe *aa*, dont les parties *b, b*, qu'on nomme pivots, entrent dans des trous faits aux platines TS, TS, dans lesquels ils tournent. (Ces platines sont deux plaques de cuivre qui sont assemblées par quatre piliers ZZ : cet assemblage s'appelle *cage*.)

L'action du poids P tend nécessairement à faire tourner le cylindre C de sorte que, s'il n'était pas retenu, sa vitesse se ferait d'un mouvement accéléré semblable à celle qu'aurait le poids P, s'il tombait librement ; mais ce cylindre porte une roue RR dentée à *rochet* ; l'un des côtés de ces dents arc-boute contre une pièce qu'on nomme *cliquet*, laquelle est attachée avec une vis à la roue DD, comme on le voit dans la figure 2, ainsi l'action du poids se communique à la roue DD. Les dents de cette roue entrent dans l'intervalle des dents qui sont formées sur la petite roue *d*, et tellement qu'elles l'obligent à tourner sur ses pivots *cc*. (On appelle *engrenage* cette communication des dents d'une roue

(5) On appelle *axe* les pièces d'acier sur lesquelles ou fixe les roues, pour tourner comme sur leur centre.

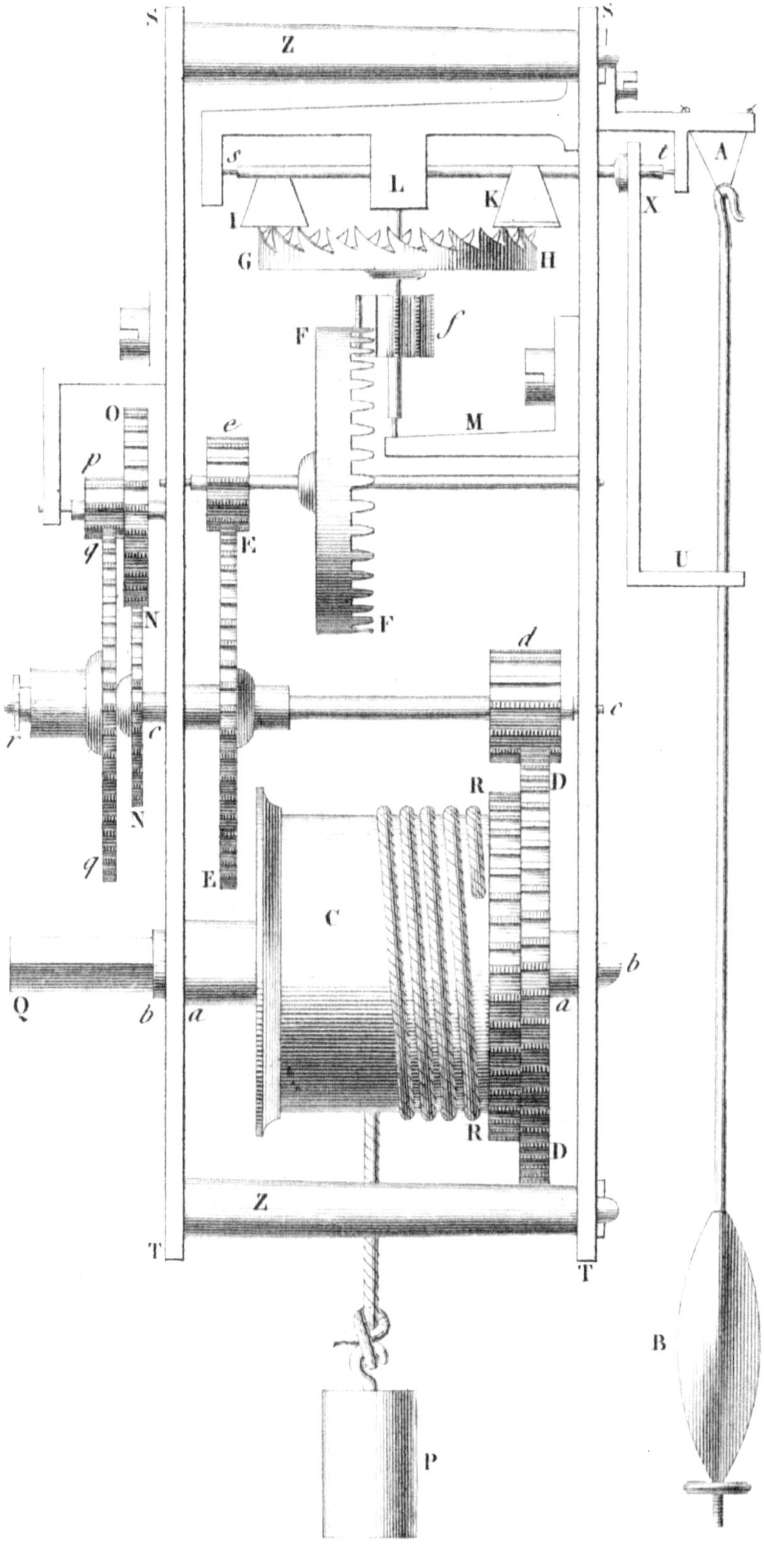

Fig. - 1.

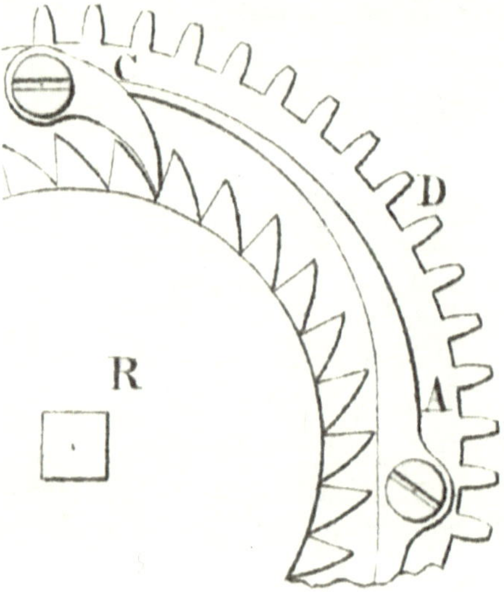

Fig. - 2.

avec une autre ; et on appelle *pignon* une petite roue comme celle *d*. En général un pignon est d'acier.)

La roue EE est fixée sur l'axe du pignon *d* ; ainsi le mouvement imprimé par le poids à la roue DD est transmis au pignon *d* et par conséquent à la roue EE. Celle-ci engrène dans le pignon *e*, qui porte la roue FF, laquelle engrène et communique sa force au pignon *f*, sur l'axe duquel est fixée la roue à couronne GH, qu'on appelle *roue de rencontre*. Les pivots du pignon *f* ne tournent pas dans des trous faits aux platines mêmes, comme ceux des autres roues, mais ils tournent dans les trous faits aux pièces L, M, attachées perpendiculairement à la platine TS.

Enfin le mouvement imprimé par le poids est transmis de la roue GH à la pièce IK, qui communique elle-même sa force à la pièce AB, par le moyen de la branche UX. On appelle pendule cette pièce AB, dont le crochet, situé en A, est suspendu au fil A. Le *pendule* AB peut décrire, autour du point A, des arcs de cercle en allant et revenant alternativement sur lui même : si donc on pousse ce pendule et qu'on l'écarte de son point de repos, l'action de la pesanteur de la lentille B le fera revenir sur lui-même, et il continuera ainsi à osciller, jusqu'à ce que la résistance de l'air sur la lentille et la résistance du fil aient détruit la force qu'on avait imprimée, et qu'ainsi le pendule s'arrête.

Mais comme il arrive qu'à chaque oscillation du pendule, les dents de la roue de rencontre GH agissent tellement sur les palettes I, K(6), qu'après qu'une dent H a imprimé sa force à la palette K, celle-ci permet à la dent de s'échapper. Alors, la dent G, diamétralement opposée, agit à son tour sur la palette I, et s'échappe ensuite. Ainsi, chaque dent de la roue s'échappe des palettes I, K, après leur avoir communiqué son mouvement, de sorte que le pendule, au lieu de s'arrêter, continue de se mouvoir et les roues de tourner.

(6) Les pivots portés par l'axe des palettes roulent dans les trous faits aux talons *st*.

La roue EE fait une révolution par heure ; le pivot *c* de cette roue passe à travers la platine, il est prolongé jusqu'en *r* . Sur ce pivot, entre en force un canon qui porte la roue NN ; ce canon sert à porter, par son extrémité *r*, l'aiguille des minutes ; la roue N engrène dans la roue O, qui porte un pignon *p*, lequel engrène dans la roue *qq*, fixée sur un canon qui roule sur celui de la roue N. La roue *q* fait un tour en 12 heures, son canon sert à porter l'aiguille des heures.

Il suit :

1. de ce que nous venons de dire ci-dessus, que le poids P fait tourner les roues et qu'il entretient le mouvement du pendule
2. que la vitesse des roues est déterminée par celle du pendule
3. que les roues servent à indiquer les parties du temps divisé par le pendule.

On appelle *moteur* le poids P ou agent quelconque qui entretient le mouvement des roues et du pendule.

On appelle *régulateur* la lentille ou pendule AB, dont le mouvement règle la marche des roues.

On nomme *oscillation* le mouvement que fait le pendule pour aller de droite à gauche, ou pour revenir de gauche à droite, d'une ligne verticale qu'il décrirait s'il était en repos. On voit ce pendule se mouvoir ainsi, lorsque la pendule est regardée de face.

On nomme *rouage* les roues et pignons qui tournent dans l'intérieur de la cage, et communiquent le mouvement au pendule.

On nomme *échappement* l'espèce d'engrenage que font les dents de la roue GH avec les palettes IK.

On nomme *roue d'échappement* la roue GH, et *pièce d'échappement* la pièce IKXU.

Lorsque la corde qui suspend le poids P est entièrement développée de dessus le cylindre, on se sert d'une clé pour monter ce poids ; cette clé entre sur le carré Q, et en la tournant du côté opposé à la descente du poids, on enveloppe de nouveau la corde sur ce cylindre. Pour cet effet, le côté incliné des dents du rochet R, figure 2, écarte le cliquet mobile G, de sorte que pendant tout le temps que l'on remonte le poids, le rochet K tourne séparément de la roue D. Mais aussitôt qu'on cesse de suspendre et d'élever le poids, celui-ci agit sur le rochet dont les côtés des dents arc-boutent de nouveau contre le bout du cliquet, ce qui oblige la roue D de tourner avec le cylindre ; le ressort A sert à faire rentrer le cliquet dans les dents du rochet.

Il nous reste maintenant à expliquer comment on détermine la roue E, dont l'axe porte l'aiguille des minutes, à faire une révolution précisément en une heure, et comment on fait aller une pendule plus ou moins de temps. Pour cela, il faut savoir que les vibrations d'un pendule sont d'autant plus lentes que le pendule est plus long : de sorte qu'un pendule qui a 3 pieds 8 lignes et demie de A en B (figure l), fait 3 600 vibrations par heure, c'est-à-dire que chaque vibration est d'une seconde (on l'appelle, pour cette raison, *pendule à secondes*), tandis qu'un pendule qui a 9 pouces 2 lignes et un quart fait 7 200 vibrations par heure, ou deux vibrations par seconde. On donne le nom de *pendule à demi-secondes* à celui-ci(7).

On voit donc qu'il est nécessaire, lorsqu'on veut déterminer une roue à faire une révolution en un temps donné, de considérer le temps des vibrations du régulateur qui doit en régler la marche. Supposant donc que le pendule AB fait 7 200 vibrations par heure, nous allons voir comment la roue E restera une heure à faire un tour, ce qui dépend du nombre de dents des roues et pignons. En donnant 30 dents à la roue de rencontre, elle fera un tour pendant que le pendule fera 60 vibrations ; car à chaque tour de la roue une même dent agit une fois sur la palette I, ce qui fait faire deux vibrations au pendule.

Ainsi, la roue ayant 30 dents, elle fait faire 2 fois 30 vibrations, ce qui fait 60. Il faudra donc que cette roue fasse 120 tours par heure, puisque 60 vibrations qu'elle fait faire à chaque tour sont contenues 120 fois dans 7 200 vibrations que le pendule fait en une heure.

Maintenant, pour déterminer le nombre des dents des roues E, F, et de leurs pignons *e*, *f*, il faut remarquer qu'une roue E fait d'autant plus faire de tours à son pignon *e*, pendant qu'elle en fait un, que le nombre de dents du pignon est contenu un plus grand nombre de fois dans celui des dents de la roue car, supposant que la roue E porte 72 dents et le pignon *e* 6, le pignon *e* fera 12 tours pendant que la roue en fera un, ce qui est évident car chaque dent de la roue fait avancer une dent de pignon. Ainsi, lorsque le pignon a avancé de six dents, ce qui fait sa révolution, la roue E n'a avancé que de six dents. Or, pour que la roue achève sa révolution, il faut qu'elle avance encore de 66 dents, lesquelles feront avancer 11 fois 6 dents du pignon, c'est-à-dire qu'elles lui feront faire 11 tours qui, joints à un qu'il a fait, donnent 12 révolutions du pignon pour une de la roue. Par les mêmes raisons, la roue F ayant 60 dents et le pignon *f* 6, elle fera faire 10 tours à ce pignon. Or, la roue F, portée par le pignon *e*, fait 12 tours pour un

(7) La longueur d'un pendule battant un nombre d'oscillations en un temps déterminé, n'est pas la même en tous les points du globe, ni en un même point du globe, selon qu'on s'éloigne ou s'approche plus ou moins du centre de la terre. La longueur du pendule à secondes, à l'Observatoire de Paris, est de 0,9938 m. (Voir mon art. *Pendule de l'Encyclopédie moderne*, et les différents Traités de physique et de mécanique.)

de la roue E ; le pignon *f* fait donc 10 tours pour un de la roue F : le pignon *f* fait donc 12 fois 10 tours pour un de la roue E, ce qui donne 120, mais la roue G, qui est portée par le pignon *f*, fait faire 60 vibrations au pendule à chaque tour qu'elle fait. Cette roue G fait donc faire 60 fois 120 vibrations au pendule, tandis que la roue E fait une révolution, ce qui fait 7 200, nombre de vibrations du pendule en une heure. La roue E reste donc une heure à faire une révolution ; on raisonnera de même pour tous les autres cas.

La roue E, faisant une révolution en une heure, on trouvera facilement combien une telle machine pourra marcher sans remonter car, si la roue D a 80 dents et que le pignon *d* en ait 10, la roue D fera un tour pendant que le pignon en fera 8 ; ainsi cette roue D restera 8 heures à faire une révolution. Si donc la corde fait trois tours dans le cylindre C, le poids P restera 24 heures à descendre ; si elle est enveloppée de six tours, le poids restera deux jours, et ainsi de suite.

Mais si l'on suppose que la roue D a 96 dents, et que le pignon *d* en a 8, alors cette roue restera 12 heures à faire un tour. Ainsi, la corde étant enveloppée 16 fois sur le cylindre, la pendule ira 8 jours ; enfin, si l'on ajoutait une roue et un pignon au rouage de la pendule et que la roue D, au lieu d'engrener dans le pignon *d*, engrenât dans ce pignon *ajouté*, et que la roue portée par ce pignon engrenât dans le pignon *d*, alors on aurait une pendule qui irait beaucoup plus de temps qu'elle ne faisait auparavant car la roue ajoutée ayant, je suppose, 96 dents, et le pignon *d* 8, cette roue resterait 12 heures à faire un tour et le pignon ajouté ayant 8 dents, et la roue D 80, ce pignon fera 10 tours pour un de la roue D. Or, la roue ajoutée qui porte ce pignon fait un tour en 12 heures : la roue D restera donc 10 fois 12 heures à faire une révolution, c'est-à-dire 120 heures, qui font 5 jours ; la corde étant enveloppée de 7 tours sur le cylindre, la pendule ira 35 jours sans être remontée.

Il suit de là que l'on augmente le temps de la marche d'une machine :

1. en augmentant les dents des roues ;
2. en diminuant le nombre de dents des pignons ;
3. en multipliant les tours de la corde ;
4. enfin, en ajoutant des roues et des pignons.

Mais il faut observer aussi, qu'à mesure que l'on augmente le temps de la marche d'une machine, le poids ou moteur restant le même, la force qu'il communique à la roue GH diminue en proportion.

Il nous reste à parler du nombre des dents des roues qui portent les aiguilles.

La roue E fait un tour par heure ; la roue NN, qui est portée par l'axe de la roue E, fait donc aussi un tour dans le même temps. Le canon de cette roue porte, comme nous l'avons dit, l'aiguille des minutes. La roue N a 30 dents, elle engrène dans la roue O, qui a aussi 30 dents et le même diamètre. Cette roue O reste donc une heure à faire un tour, elle porte le pignon *p*, qui a 6 dents ; il engrène dans la roue *qq* qui a 72 dents. Le pignon *p* fait donc 12 tours, pendant que cette roue *qq* en fait un ; celle-ci reste donc 12 heures à faire un tour : c'est le canon de cette roue qui porte l'aiguille des heures.

Ce que nous venons de dire sur les révolutions des roues et le temps de la marche d'une pendule, est également applicable aux montres.

- III -

Explication du mécanisme de la montre

Les montres sont composées, ainsi que les pendules, de roues et de pignons, d'un régulateur qui détermine la vitesse des révolutions des roues, et d'un moteur qui donne le mouvement à la machine, mais le *régulateur* et le *moteur* d'une montre sont bien éloignés d'approcher de la bonté du régulateur et du moteur d'une pendule ; les montres sont des machines portatives, auxquelles on ne

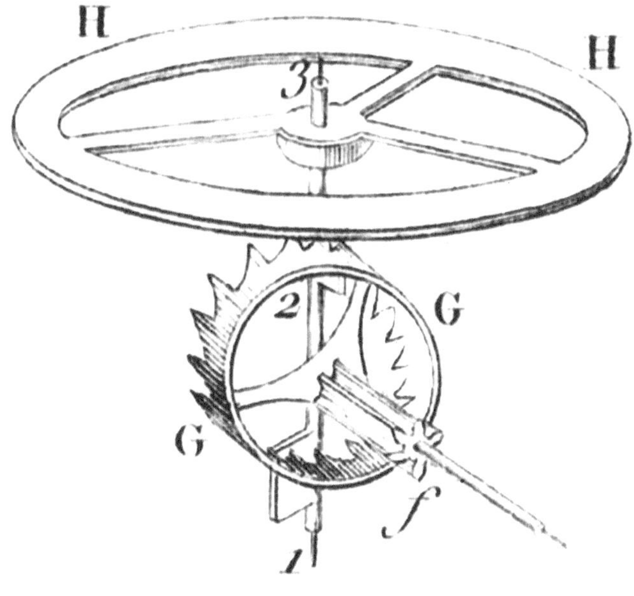

Fig. - 14.

peut pas appliquer un pendule : ce régulateur ne peut s'employer qu'à des machines qui sont toujours en repos.

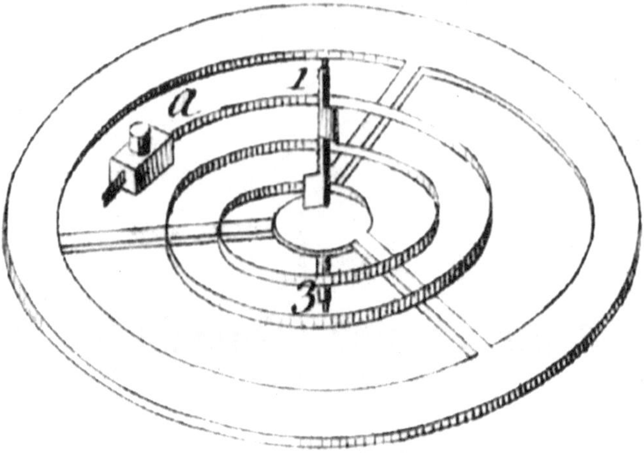

Fig. - 4.

Le poids, qui est le moteur des bonnes pendules, n'est pas plus applicable aux montres que le pendule, on est donc obligé de substituer au pendule un *balancier* (fig. 14), qui règle la marche de la montre. Et pour moteur, on se sert d'un ressort (fig. 6).

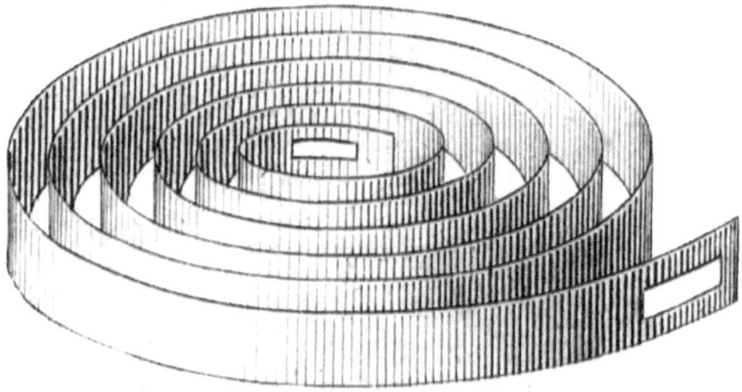

Fig. - 6.

Les roues des montres ordinaires[8] tournent dans une cage formée par deux platines et quatre piliers, comme dans les pendules. La

(8) Nous nommerons montres *ordinaires* celles décrites ici, et dans lesquelles l'échappement est à *verge*, pour les distinguer de celles à *cylindre*, qui ne se faisaient pas, du temps de Berthoud, comme elles se font aujourd'hui.

première figure de la seconde planche représente l'intérieur de la montre, lorsqu'on a ôté la platine (fig. 5). A est le *barillet*, dans lequel est enfermé un ressort spiral, comme celui de la quatrième figure. Sur l'extérieur est enveloppée une chaîne, dont un bout tient au barillet, et l'autre à la pièce conique B, que l'on nomme la *fusée.*

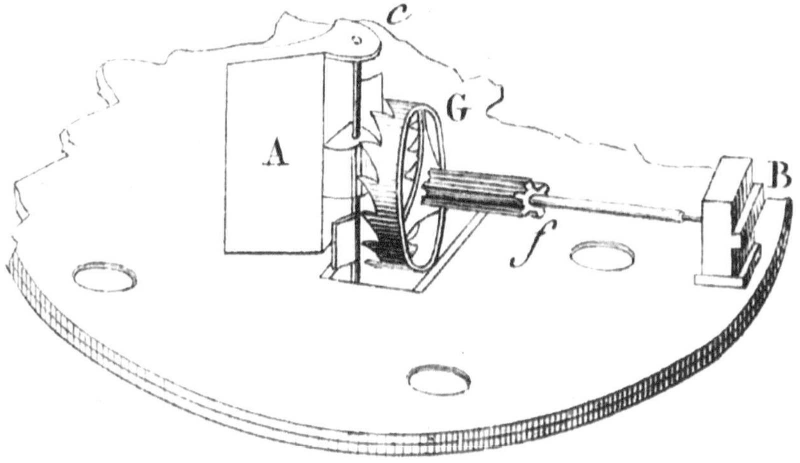

Fig. - 5.

Lorsqu'on monte la montre, la chaîne qui était sur le barillet s'enveloppe sur la fusée, on tend par ce moyen le ressort car le bout intérieur est retenu par un crochet porté par l'axe, autour duquel le barillet tourne ; cet axe est immobile. Le bout extérieur du ressort s'arrête à un crochet fixé à la circonférence intérieure du barillet ; celui-ci peut tourner autour de son axe : on conçoit donc comment le ressort se tend, et comment son élasticité oblige le barillet à tourner, et par conséquent la chaîne qui est sur la fusée, à se développer et à faire tourner par ce moyen la fusée qui entraîne avec elle la roue CC, laquelle engrène dans le pignon *c*, et lui communique l'action du ressort. Ce pignon *c* porte la roue D, laquelle engrène dans le pignon *d*, qui porte la roue E, qui engrène dans le pignon *e*. Celui-ci porte la roue F, laquelle engrène dans le pignon *f* (fig. 5), portée par les pièces A, B, qui tiennent à la platine.

Cette platine (dont on ne voit qu'une partie) s'applique sur celle de la première figure de sorte que les pivots des roues entrent dans les trous faits à la platine (fig. 5). Ainsi, les roues se communiquent le mouvement imprimé par le ressort et le pignon *f* engrenant dans la roue F, celle-ci l'oblige de tourner. Ce pignon porte la roue à couronne GG (fig. 4 et 5), qui est la roue d'échappement. Elle agit sur les palettes (fig. 4 et 5). L'axe des palettes porte le balancier HH (fig. 4) ; le pivot 1 de la verge de balancier entre dans le trou *c*, fait à la pièce A (fig. 5). On voit dans cette figure les palettes mais le balancier est de l'autre côté de la platine, comme on le voit dans la fig. 11.

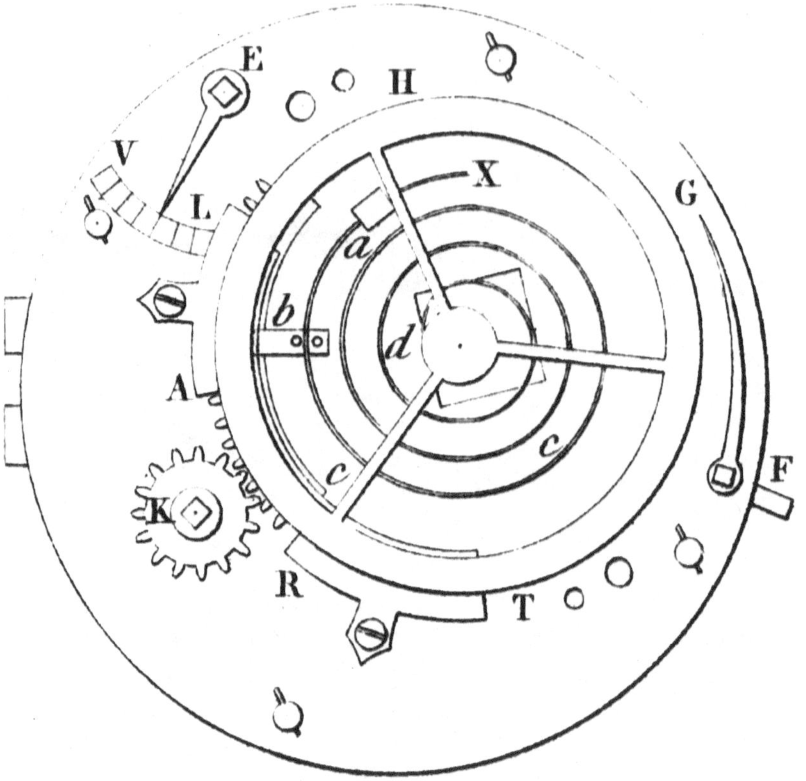

Fig. - 11.

Le pivot du balancier entre dans le trou du coq BC (fig. 10), ainsi le balancier tourne entre le coq et le talon *c* (fig. 5), comme dans une espèce de cage. L'action de la roue d'échappement sur les palettes se fait de la même manière que nous l'avons fait observer par rapport à la roue d'échappement de la pendule, c'est-à-dire que dans la montre, la roue d'échappement oblige le balancier d'aller et de revenir sur lui-même et de faire des vibrations.

À chaque vibration du balancier, une palette laisse échapper une dent de la roue de rencontre, de sorte que la vitesse du mouvement des roues est déterminée par la vitesse des vibrations du balancier, et que ces vibrations du balancier et ce mouvement des roues sont produits par l'action du ressort ou moteur.

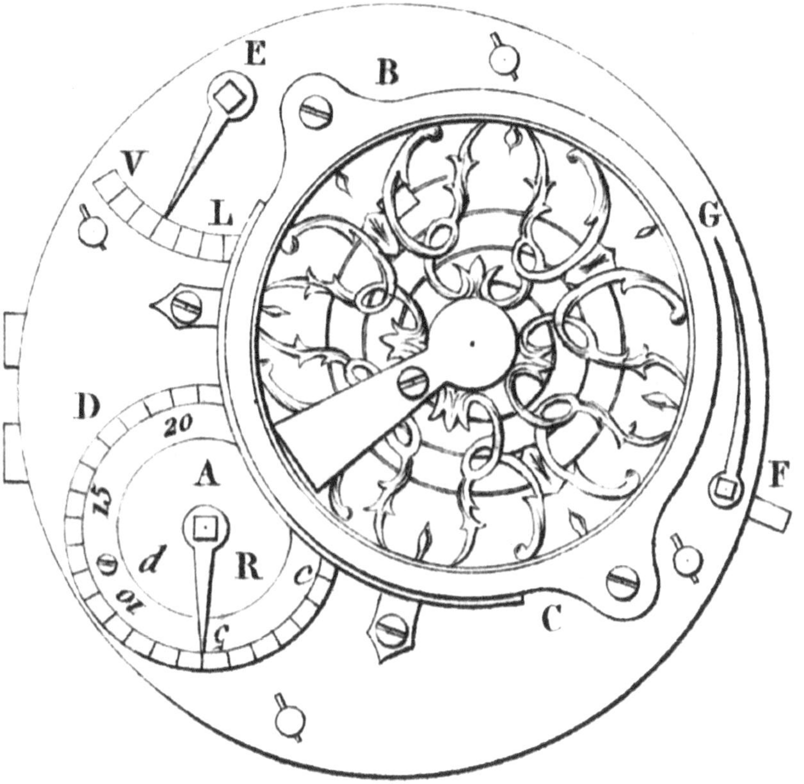

Fig. - 10.

Or, comme le balancier n'a pas de puissance qui détermine bien exactement la vitesse de son mouvement, et qu'elle dépend surtout de la force du ressort moteur[9], ses inégalités produisent des anomalies dans la durée des vibrations, comme nous le ferons voir (chap. V).

La vitesse des vibrations du balancier ne résulte pas seulement de la force du grand ressort, elle est modifiée par le ressort *abcd* (fig. 11), situé sous le balancier H, et en perspective (fig. 14, p. 22) ; on l'appelle *spiral* (à cause de sa forme) ou *ressort réglant*. La propriété du spiral est de ramener le balancier sur lui-même, de quel côté qu'on le fasse tourner, c'est-à-dire que l'élasticité du spiral fait faire des vibrations au balancier (alors même que la roue de rencontre n'agit pas sur lui), de même que la pesanteur sert à produire les oscillations du pendule. Voici comment cela se fait : le bout extérieur du spiral est attaché au piton *a*

(9) C'est là une grande source d'irrégularité de ce genre de montre. Elle est presque complètement annihilée dans les montres à cylindre et autres. (Voy. 2e partie.)

(fig. 14, p. 22) ; ce piton s'adapte à la platine en *a* (fig. 11, p. 24) ; ainsi ce bout du spiral est comme fixé avec la platine ; le bout intérieur du spiral est fixé par une goupille au centre du balancier. Si donc on fait tourner le balancier sur lui-même, la platine restant immobile, alors le ressort se tendra, et d'autant plus, qu'on fera parcourir un grand arc au balancier.

Or, si après avoir ainsi tendu le spiral, on abandonne le balancier à lui-même, alors l'élasticité du spiral ramènera le balancier, et par une propriété du ressort il fera aller et revenir le balancier alternativement sur lui-même, en lui faisant faire un assez grand nombre de vibrations.

La fig. 7 représente toutes les roues de la montre dont nous avons parlé ; elles sont arrangées de manière que l'on peut voir, d'un coup d'œil, comment le mouvement est communiqué depuis le barillet jusqu'au balancier.

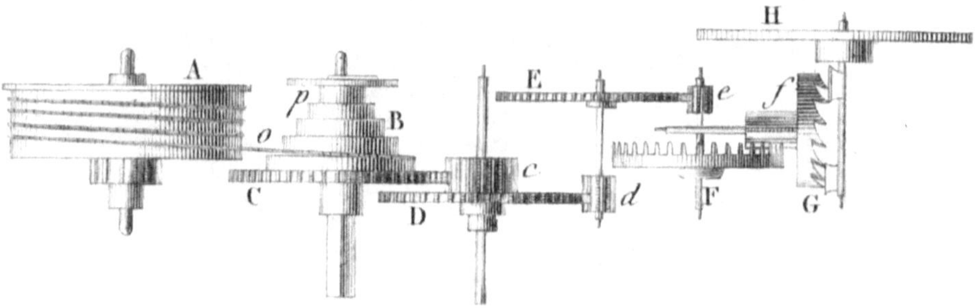

Fig. - 7.

On voit (fig. 8 et 9) les roues qui sont situées sous le cadran, lesquelles servent à conduire et porter les aiguilles. Le pignon *a* est formé sur un canon ajusté à force sur le pivot prolongé de la roue D (fig. 3 et 7). Cette roue fait un tour par heure. Le bout du canon du pignon *a* est carré, l'aiguille des minutes entre sur ce carré ; le pignon *a* (fig. 8) engrène dans la roue *b*, laquelle porte un pignon *c*, qui engrène dans la roue *d* (fig. 9) : cette roue est fixée sur un canon, dont le trou entre sur celui du

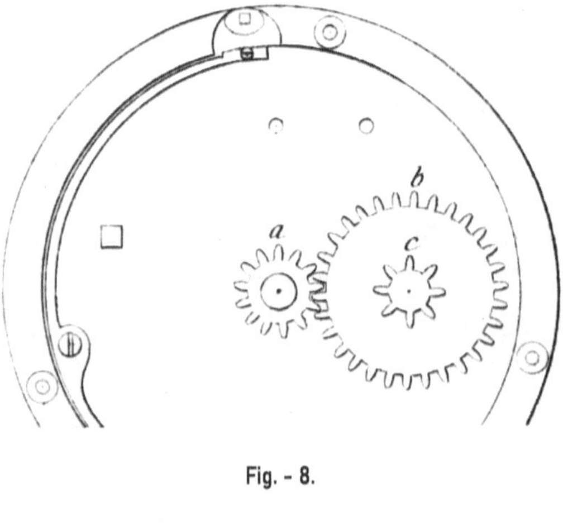

Fig. - 8.

pignon *a*, sur lequel elle tourne librement ; cette roue *d* fait un tour en 12 heures, son canon porte l'aiguille des heures.

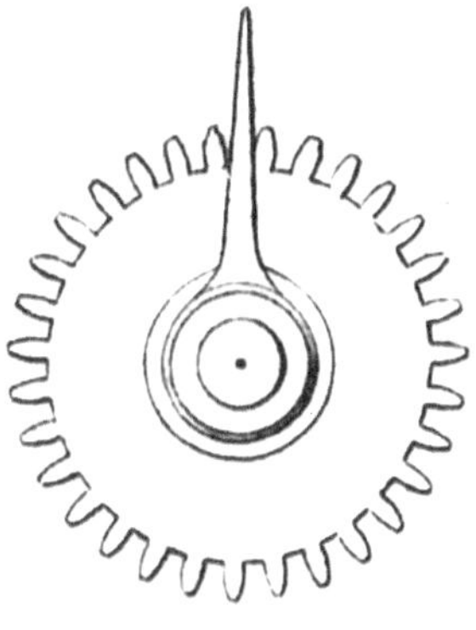

Fig. - 9.

Il reste à expliquer ici l'effet de la fusée. Pour en sentir l'utilité, il faut savoir que la force d'un ressort augmente à mesure qu'on le tend davantage, de sorte que si le ressort (fig. 6, p. 22) était enfermé dans le barillet A (fig. 7, p. 26) et agissait immédiatement sur les roues, celles-ci transmettraient au régulateur plus ou moins de force, selon les inégalités du moteur, et qu'ainsi ce régulateur irait plus vite ou plus lentement, selon que ces impressions seraient plus ou moins fortes.

Or, l'application que l'on a faite de la fusée B (fig. 7), corrige en partie les inégalités du ressort car, lorsqu'il est à son premier tour de bande, et que par conséquent sa force est la moindre, la chaîne agit en *o*

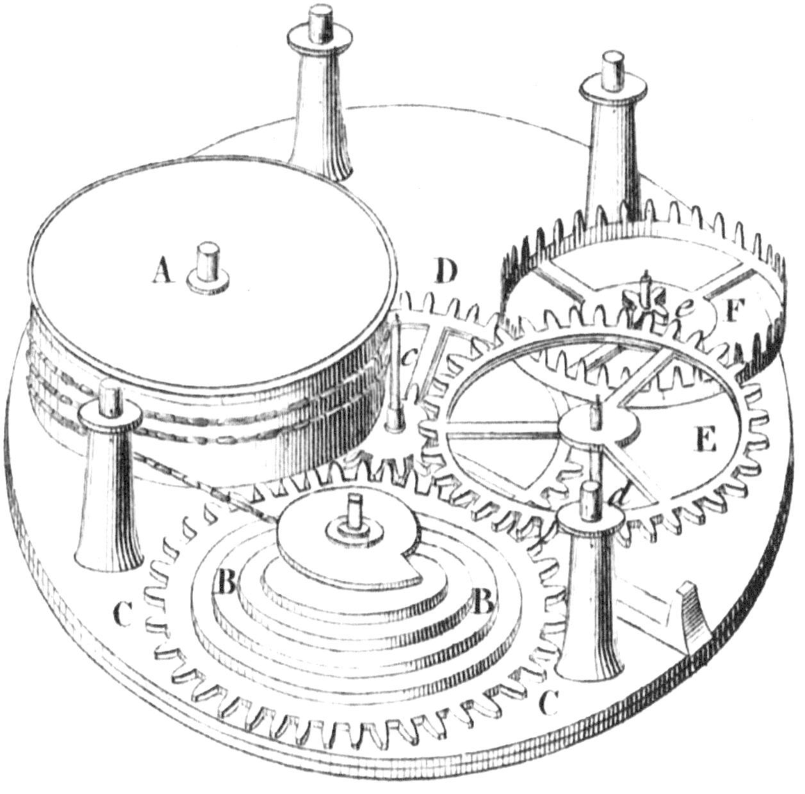

Fig. - 3.

sur le point le plus distant du centre de la fusée. Ainsi, par la propriété du levier, le ressort agit avec avantage sur la roue C et lorsque le ressort est monté au haut, alors la chaîne agit en *p* sur la plus petite partie ou petit levier de la fusée, ce qui diminue l'action du ressort, de sorte que, dans l'un ou l'autre cas, l'action du ressort agit également sur la roue C, et par conséquent sur le rouage[10].

(10) La fusée ne corrige pas parfaitement les inégalités du ressort ; elle sert seulement à faire disparaître les plus marquées.

Dans le temps de Ferdinand Berthoud, elle était considérée comme indispensable, parce qu'on ne connaissait presque que les montres avec échappement à verge. Mais, avec l'échappement à cylindre, et mieux encore avec tous les échappements libres, elle est complètement inutile. (Voir le Mémoire que nous avons publié en 1839 ; *Comparaison des montres marines à barillet denté avec celles à fusée.* Brochure in-8°.)

- IV -

Des causes de la régularité des Pendules : du temps qu'elles mesurent ; de leur degré de justesse

Ce que nous venons de dire dans les deux articles précédents, sur le mécanisme d'une pendule et d'une montre, est suffisant pour donner une idée de la manière dont ces machines mesurent le temps, mais il est à propos de faire remarquer ici la cause de la justesse des pendules, et à peu près le degré qu'on peut en attendre.

Si on écarte le pendule AB (fig. 1, p. 15) de la verticale, la lentille B redescendra par sa pesanteur et, par la vitesse qu'elle aura acquise, elle remontera du côté opposé à la même hauteur dont on l'a laissé descendre ; ensuite elle retombera et continuera ainsi ses oscillations par le seul effet de la pesanteur sur la lentille.

Or, comme l'action de la pesanteur est toujours la même, il suit de là que ce pendule fera ses oscillations de la même durée, s'il les fait de la même étendue. Cela bien entendu, on concevra aisément pourquoi une pendule doit aller avec une grande justesse car le pendule AB (fig. 1) étant ainsi mis en mouvement, l'effet du moteur et du rouage est, comme nous l'avons dit, de restituer au pendule la force qu'il perd à chaque oscillation. Or, le poids P, agissant toujours avec la même force sur le rouage, l'action transmise au pendule est donc toujours la même ; le pendule fait donc des oscillations qui ont toujours la même étendue, elles ont donc dans ce cas toujours la même durée. Les roues et par conséquent les aiguilles doivent donc tourner d'un mouvement uniforme. Ainsi le temps qu'elles indiqueront est égal et parfaitement semblable au temps moyen dont nous avons parlé. D'où nous pouvons conclure que les pendules ne peuvent diviser et marquer naturellement que le temps égal ou moyen, et que toutes les fois que l'on voudra régler une pendule par le passage du soleil au méridien, il faudra premièrement connaître les écarts du soleil, et les soustraire ensuite pour avoir le temps moyen, et juger par là si la pendule va bien.

Nous pourrions faire voir, par un raisonnement à peu près semblable, que les montres ne peuvent aussi marcher que d'un mouvement uniforme, mais ce que nous venons de dire suffit. On doit donc être persuadé que la pendule ou la montre la plus parfaite qu'on puisse concevoir, est celle qui va d'un mouvement égal, bien éloignée de suivre les variations du soleil car s'il arrive que ces machines varient, c'est sans aucune loi constante, cela dépendant du chaud, du froid, etc., comme nous le verrons chap V.

On peut bien, par un mécanisme particulier, faire suivre les écarts du soleil aux pendules et aux montres, ce qui se fait dans les pièces que l'on appelle *pendules à équation* ou *montres à équation* mais, dans ce cas, elles sont tellement disposées que, pendant que les aiguilles et l'intérieur de la machine marchent d'un mouvement uniforme, une deuxième aiguille des minutes suit les variations du soleil. Pour donner le mouvement inégal à l'aiguille du temps vrai, on a imaginé une pièce en forme d'ovale, qu'on appelle *ellipse* ou *courbe*, laquelle fait avancer ou rétrograder l'aiguille du temps vrai, pendant que l'autre tourne d'une égale vitesse.

On est parvenu à donner un très grand degré de perfection aux pendules. Pour cet effet, on fait des lentilles pesantes, et qui décrivent de petits arcs(11), et l'on a diminué à proportion l'action de la force motrice, de sorte que lors même que la force motrice est un ressort, comme celui de la fig. 6, p. 22, les inégalités qui en sont inséparables, comme nous l'avons fait voir, ne changent cependant pas sensiblement la justesse de la pendule, de sorte qu'une pendule à ressort ordinaire peut assez bien aller pour ne faire qu'une minute d'écart en quinze jours.

L'expérience nous a appris que la chaleur allonge tous les corps, que le froid les raccourcit et que, par conséquent, les verges de pendules

(11) M. de Rivaz a été l'introducteur et le plus grand partisan de ces perfectionnements mais il est arrivé alors ce qui se passe presque toujours, c'est qu'en portant les choses à l'extrême, on corrige des inconvénients et on en crée d'autres qu'on ne prévoit pas. Lorsqu'un pendule décrit de trop petits arcs, par exemple, de 1/8e de degré, de petites différences dans l'étendue des arcs d'un tel pendule ne produisent aucune différence appréciable sur la marche de la pièce, mais aussi le moindre ébranlement des supports de la pendule la font arrêter. C'est surtout en horlogerie qu'on doit répéter à chaque instant : « L'excès en tout est un défaut. »

devenant plus longues, cela faisait retarder les pendules, et qu'étant plus courtes, cela les faisait avancer. On a imaginé différents moyens pour corriger ces effets, et l'on a assez bien réussi par ces différentes applications, pour pouvoir faire une pendule à secondes qui ne fasse qu'une minute d'écart par an[(12)].

(12) La détermination de la différence que peut faire une pendule en un an est une mauvaise manière d'apprécier sa marche, car elle suppose que la pendule a marché d'un mouvement uniformément accéléré ou retardé pendant tout ce temps, ce qui n'est pas probable.

Une pendule peut très bien avoir alternativement avancé et retardé pendant un an, et se trouver justement à l'heure à la fin de l'année. Sa marche ne peut point alors être réputée régulière, il s'en faut de beaucoup ; aussi, les astronomes et tous les observateurs qui ont besoin de l'exacte mesure du temps, ont-ils l'habitude de déterminer les variations des machines qui mesurent le temps, de 24 heures en 24 heures. On nomme alors ses variations mouvement diurne. C'est l'uniformité du mouvement diurne qui constitue la perfection de la marche

- V -

Des causes de variation des montres ; du degré de justesse qu'on peut attendre de ces machines

La justesse d'une montre dépend de la constante égalité des battements du balancier.

1. - Les vibrations du balancier se font plus vite ou plus lentement, selon que la force qui est communiquée par les roues est plus ou moins grande, donc la montre avance ou retarde selon l'inégalité de cette force[13].

2. - La vitesse du balancier est encore modifiée par le plus ou moins de force du spiral. (Voyez chap. IX.) Or, le spiral est plus ou moins élastique, selon qu'il fait chaud ou froid, la vitesse de son mouvement change donc selon les impressions qu'il reçoit de l'air.

3. - La force qui entretient le mouvement de la montre est un ressort dont l'action n'est pas constante, elle diminue à la longue. La force du ressort change aussi selon qu'il fait chaud ou froid, ces inégalités changent donc la justesse de la montre.

---

(13) Ceci n'est vrai que pour les montres de la plus ancienne construction, dites ordinaire ou à verge. Dans ces montres, l'échappement est tel, que les changements dans l'intensité de la force motrice produisent des différences considérables dans la vitesse du balancier, et par suite, dans la marche de la montre. Aussi, toute cause qui change la somme de force qui arrive à l'échappement d'une telle montre est-elle une cause de variation.

Tandis que dans les montres dont l'échappement est à repos, tel que les montres à cylindre, très généralement employées aujourd'hui, le mécanisme peut être combiné et les rapports entre tous les éléments de la machine être établis de telle sorte que la force motrice étant augmentée d'un quart ou diminuée d'un quart, la montre soit toujours sensiblement réglée. (Voir le chapitre sur les Montres à cylindre, dans la 2e partie.)

4. - Le mouvement des roues, en tournant sur leurs pivots, en agissant les unes sur les autres, produit une résistance qu'on appelle *frottement.* Or, cette résistance devient plus grande à mesure que le poli des pivots se détruit, et que l'huile qu'on met dans les trous pour adoucir le frottement s'épaissit ; la force communiquée au balancier n'étant plus la même, la justesse de la montre doit donc changer.

5. - Le balancier d'une montre est susceptible de plus ou moins de vitesse, selon qu'il éprouve une plus ou moins grande résistance de l'air. Mais les écarts produits par cette cause sont si petits, que l'on peut en quelque sorte les regarder comme nuls.

6. - Enfin, les différents mouvements, chocs, positions, etc., auxquels une montre est exposée, tendent encore à déranger sa justesse.

En examinant ainsi séparément chacune des causes qui tendent à déranger les montres, on sera étonné de la justesse qu'on est parvenu à donner à ces machines. Cette justesse est telle, qu'une montre bien composée et exécutée ne fait souvent qu'une demi-minute d'écart par jour ; on peut même porter cette précision plus loin[14]. Quant à la justesse qu'il faut attendre des montres ordinaires ou communes, on ne devra pas se plaindre toutes les fois qu'elles ne feront qu'une ou deux minutes d'écart par jour.

On peut juger par là de la grande différence de justesse d'une montre et d'une pendule car, tandis qu'une montre fait une minute d'écart par jour, une pendule à ressort une minute en 15 jours, une bonne pendule à secondes ne fera qu'un ou deux dixièmes de seconde par jour[15] : une montre ordinaire fait donc autant d'écart par jour qu'une bonne pendule de cheminée en 15 jours.

Remarque.

On sait que quantité de gens disent que leurs montres ne font qu'une minute d'écart en 15 jours. Or, si cela arrive effectivement, c'est plus l'effet du hasard que de la combinaison de ceux qui les ont faites car ces montres merveilleuses sont presque toujours ou de très vieilles machines, ou sont faites par de mauvais horlogers, qui seraient très embarrassés de dire pourquoi telle montre va bien, et d'en faire d'autres qui aillent de même. Je me défie d'ailleurs de ce que disent ces gens à miracles, lesquels comparent leur montre avec le soleil et qui,

(14) Dans les montres à cylindre, oui, mais dans celles ordinaires à verges et plates, comme on les fait aujourd'hui, non.

(15) Voir la Note, p. 36.

pour l'avoir vue d'accord à 15 jours de distance, croient bonnement que cela prouve en faveur de la montre, ne faisant pas attention que, dans l'intervalle de ce temps, la montre a pu varier d'un quart-d'heure, plus ou moins, et se retrouver ensuite avec le soleil[16].

(16) Voir la Note, p. 36. L'auteur confirme ici notre observation sur l'erreur qu'il commet en parlant d'une pendule à secondes qui ne ferait qu'une différence d'une minute en un an.

- VI -

Différence d'une montre qui n'est pas réglée, à celle qui varie : en quoi l'une et l'autre diffèrent de celle qui est réglée

Lorsqu'une montre n'est pas réglée, on ne manque pas de dire qu'*elle varie* et, conséquemment, qu'elle ne vaut rien. Il y a cependant une grande différence entre une montre qui varie et une montre qui n'est pas réglée car une montre peut être très bonne, marcher d'un mouvement uniforme, et n'être cependant pas réglée sur le temps moyen.

Telle serait, par exemple, une montre qui, étant mise un jour quelconque avec une bonne pendule, avancerait ou retarderait constamment de 2 minutes en un jour, de 4 en 2 jours, de 24 en 12 jours, et ainsi de suite, toujours du même sens et en proportion du temps.

Dans ce cas, on devra dire que cette montre va d'un mouvement égal, mais qu'elle n'est pas réglée sur le temps moyen ; on ne pourra pas dire qu'elle varie. Il est très facile de régler une telle montre, il ne faut que toucher à l'aiguille de rosette, comme nous l'expliquerons au chapitre IX.

Une montre qui est tantôt en avance et tantôt en retard sur une bonne pendule, est une montre qui varie. Lorsque ces écarts sont de plusieurs minutes en 24 heures, il faut la donner à un habile horloger pour la corriger car il est inutile de toucher à *l'avance et retard*, le vice étant dans l'intérieur de la machine.

Enfin une montre est réglée, lorsque non seulement elle marche d'un mouvement uniforme, mais lorsque de plus elle suit le temps moyen[17].

(17) Le vulgaire, et même des hommes fort instruits, se font souvent une idée fausse de ce qu'on doit entendre par une bonne montre, et demandent des résultats impossibles ou se plaignent de choses qui ne sont pas des défauts. Ainsi, par exemple, on voudrait qu'une montre conservât le temps à la minute pendant des mois entiers, ou on se plaint parce qu'elle avance ou retarde régulièrement d'une très petite quantité. L'un est impossible, l'autre n'est pas un défaut.

- VII -

Comment on peut vérifier la justesse d'une montre

Pour parvenir à connaître le degré de justesse d'une montre, il faut la mettre à l'heure d'une bonne pendule, et la laisser marcher 24 heures dans une même situation, comme, par exemple, suspendue par son cordon ; noter de 6 en 6 heures, ou de 5 en 5, plus ou moins, les écarts qu'elle fera sur la pendule. Or, si elle retarde ou avance (ce qui est égal, pourvu que ce soit toujours de l'un ou de l'autre sens) d'une minute, je suppose, dans les six premières heures, d'une autre minute dans les six heures suivantes, et ainsi de suite, de manière qu'en 24 heures elle ait retardé ou avancé de 4 minutes, ce sera dans ce cas une preuve que le grand ressort agit uniformément sur le rouage, et celui-ci sur le balancier. On continuera ainsi pendant quelques jours à l'examiner dans la même situation, pour voir si elle avance ou retarde constamment de la même quantité dans le même temps.

On portera ensuite sa montre dans le gousset pendant 10 ou 12 heures, plus ou moins. Or, si elle fait le même écart que lorsqu'elle était suspendue et dans le même sens, à proportion du temps, c'est-à-dire si en 6 heures elle retarde d'une minute, c'est une marque certaine que le mouvement *du porté* n'influe point. On pourra donc dire qu'une telle montre va bien. Pour la régler, il ne faudra que toucher à l'aiguille de rosette. Mais si une montre, après avoir retardé de 4 minutes en 24 heures lorsqu'elle était suspendue, vient ensuite à avancer étant portée, ou bien à retarder d'une plus grande quantité que lorsqu'elle était suspendue, comme de 6 minutes en 24 heures, par exemple, vous pourrez dire qu'elle varie ; ainsi vous ne parviendrez à la régler qu'après y avoir fait toucher par un horloger habile.

Pour juger de la justesse d'une montre, il faut surtout observer de ne pas la mettre à l'heure avec la première horloge venue, ou sur une autre montre, ou bien avec un méridien et de voir ensuite d'autres méridiens, montres ou d'autres horloges car il arrive presque toujours que les méridiens, horloges, montres, diffèrent entre elles d'un quart-d'heure plus ou moins[18].

Or, ces personnes décident aussitôt que leurs montres vont mal, tandis que ce sont les horloges, montres, méridiens, auxquels ils ont comparé leurs montres qui ont fait ces écarts, ou qui n'étaient pas mis à la même heure. Ainsi, il arrive qu'une très bonne montre va comme une *patraque* dans certaines mains, et passe en effet pour telle. Lorsqu'on veut comparer une montre, il faut se servir d'une bonne pendule et toujours de la même ; ou, si on se sert d'un méridien, la vérifier toujours avec le même car les méridiens peuvent aussi différer entre eux de plusieurs minutes.

(18) À Paris même, les principales horloges sont quelquefois en différence d'un quart-d'heure.

- VIII -

Il est nécessaire que chaque personne conduise sa montre, la règle et la remette à l'heure tous les huit ou dix jours

Nous avons fait voir, chap. V, que la régularité des montres dépend du chaud, du froid, des frottements, etc. Il en résulte donc :

1. - Que les montres doivent varier de l'été à l'hiver : en général, elles avancent en hiver et retardent en été, il y en a cependant qui font le contraire ;

2. - Que les montres avancent ou retardent selon la chaleur du gousset des personnes qui les portent : ainsi une montre qui sera réglée chez l'horloger pourra bien ne l'être plus lorsque vous la porterez ;

3. - Que les changements de frottements, l'épaississement des huiles, l'affaiblissement du grand ressort changent insensiblement la régularité d'une montre.

Ainsi, pour qu'elle continue à être réglée, il faut tourner l'aiguille de rosette à proportion du retard que ces causes ont produit. Il faut donc que chaque personne conduise et règle sa montre et, pour peu qu'elle soit bonne, elle ira constamment bien car une montre qui est toujours entre les mains de la même personne est sensiblement exposée tous les jours à la même température, mouvement, position, etc. Il ne sera besoin, pour lors, que de la remettre tous les huit ou dix jours à l'heure avec une bonne pendule ou avec le méridien. Et quand les changements qui résultent des frottements, épaississements d'huile, etc., auront agi de façon à faire retarder sensiblement une montre, il faudra tourner l'aiguille de rosette, pour régler de nouveau la montre.

- IX -

Usage du spiral : comment il faut toucher à l'aiguille de rosette de la montre pour la régler

Les vibrations du balancier se font avec plus ou moins de vitesse, selon que le spiral est plus fort ou plus faible : s'il est plus fort, les vibrations sont plus promptes, et s'il est plus faible, elles sont plus lentes.

Si on allonge le même spiral, les vibrations du balancier seront plus lentes, car il deviendra plus faible et si au contraire on le raccourcit, il sera plus fort et les vibrations plus promptes. C'est précisément ce moyen que l'on met en usage pour régler les montres : si elles avancent, on allonge le spiral, et si elles retardent, on le raccourcit. Cet effet est celui qui résulte du chemin qu'on fait faire à l'aiguille de rosette, je vais en faire voir l'effet.

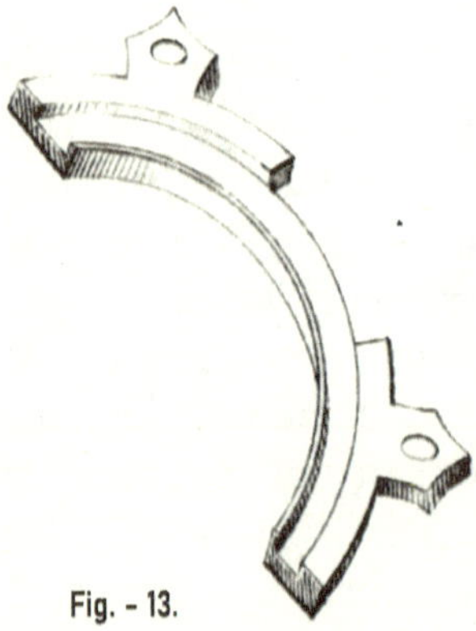

Fig. - 13.

On appelle *aiguille de rosette* la pièce *d* (fig. 10, p.25)[19], mise carrément sur l'axe de la roue K (fig. 11, p. 24) ; celle-ci porte des dents qui engrènent dans le *râteau b, c*, lequel tourne autour du centre du balancier, sous la *coulisse* IL, vue en perspective (fig. 13). Lorsqu'avec une clé on fait tourner l'aiguille *d* et la roue K, celle-ci oblige le râteau de tourner : or, ce râteau porte le bras *b* (fig. 11, p. 24), sur lequel sont fixées

(19) On reconnaîtra aisément les pièces dont je parle ici ; on les verra en ouvrant la montre.

deux goupilles. Le spiral passe assez juste entre ces deux goupilles, de sorte que ce ressort n'est flexible que du point A, en suivant le spiral, jusqu'au centre du balancier, ainsi le spiral agit avec plus ou moins de force sur le balancier, selon que ces chevilles sont amenées en *a*, en *b*, ou en *c*. Lorsqu'elles sont en *c*, le spiral est plus fort, ce qui fait avancer la montre ; au contraire, les chevilles étant conduites en *a*, le spiral est plus faible, ce qui fait retarder la montre.

Pour faire avancer une montre, il faut donc tourner l'aiguille de rosette de R en A car, dans ce cas, la roue K a fait venir le bras *b* en *c* et au contraire, pour faire retarder la montre, il faut tourner l'aiguille de A en R.

On tirera donc de là cette règle :

Lorsqu'une montre retarde, il faut tourner l'aiguille de rosette en avant, c'est-à-dire du même côté qu'on ferait tourner les aiguilles de la montre pour les conduire de midi à une heure ; et au contraire, lorsqu'elle avance, il faut tourner l'aiguille de rosette en arrière, c'est-à-dire du même côté qu'on ferait tourner les aiguilles de la montre pour les amener d'une heure à midi.

Quant à la quantité dont on doit tourner l'aiguille de rosette à chaque fois qu'il est besoin de régler sa montre, il faut savoir qu'elle n'est point la même à chaque montre car si on fait tourner en avant l'aiguille de rosette d'une montre d'une division du petit cadran, et que cela la fasse avancer de trois minutes en vingt-quatre heures, la même quantité dont on tournera l'aiguille de rosette d'une autre montre, au lieu de faire avancer de trois minutes, ne le fera que d'une demi-minute ou de quatre, plus ou moins. Ainsi, on ne peut pas dire : *si ma montre a avancé de tant en vingt-quatre heures, il faut tourner l'aiguille de tant* ; bien loin de là, car on ne parvient à trouver cette quantité qu'en tâtonnant. Mais, pour abréger, on fera usage de la règle suivante.

Exemple

On a mis sa montre à l'heure d'une bonne pendule ; après vingt-quatre heures, la montre a avancé de quatre minutes ; on a tourné en arrière l'aiguille de rosette d'une division, et remis de nouveau la montre avec la pendule. Vingt-quatre heures après, la montre avance encore de deux minutes. Un degré de la rosette parcouru par l'aiguille répond donc à deux minutes d'avance en vingt-quatre heures. Ainsi, pour régler la montre, il faudra encore tourner d'un degré.

Pour amener facilement et promptement une montre au point d'être à peu près réglée, il faut conduire l'aiguille de rosette d'une extrémité à l'autre ; c'est-à-dire que si la montre retarde, il faut avancer l'aiguille, de sorte que la montre avance ensuite, et à peu près d'autant qu'elle retardait ; pour lors on n'a qu'à amener l'aiguille en arrière, en lui faisant faire la moitié du chemin dont on l'avait avancée.

Remarque.

Ce que je viens de dire sur la manière de régler les montres construites comme celles (fig. 10 et 11) qu'on appelle *à la française*, est également applicable aux montres *à l'anglaise* (fig. 12).

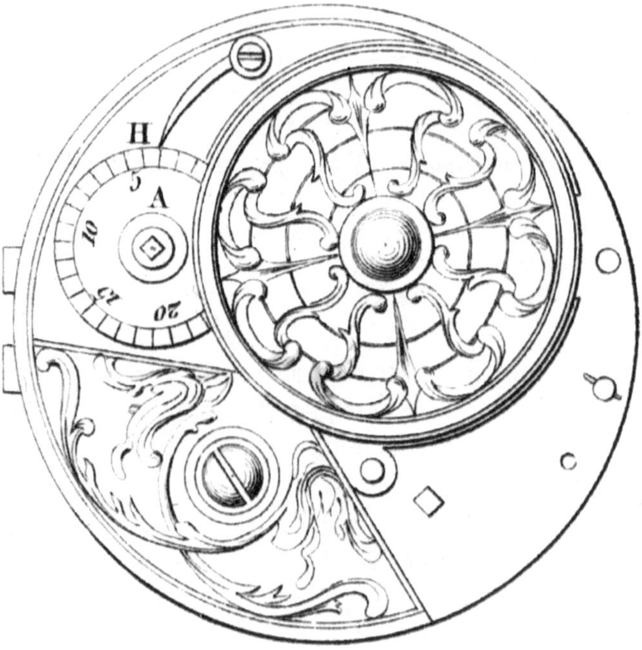

Fig. - 12.

Ainsi, pour régler une montre à l'anglaise, on fait, de même qu'à celle à la française, tourner le carré *o* (fig. 12), au moyen de la clé. Mais, dans celle-ci, le carré porte le cadran gradué A, lequel tourne avec le carré, tandis que l'index H est immobile ; alors que, comme on l'a vu, lorsqu'on règle une montre à la française (fig. 10, p. 25 et 11, p. 24), le cadran reste immobile, et c'est l'aiguille qui tourne. Si donc une montre anglaise retarde, il faut faire tourner le cadran en avant, tout comme si c'était l'aiguille, et remarquer le nombre des vibrations qui passent par l'index H, ou par tout autre point immobile situé autour du cadran, et si elle avance, tourner le cadran en arrière.

- X -

De la manière de régler les pendules

Plus un pendule est long, et plus ses vibrations sont lentes, et au contraire, plus il est court, et plus elles sont promptes : si donc on allonge le pendule[20] d'une horloge ou pendule, on la fera retarder, et si on le raccourcit, on la fera avancer ; c'est le moyen dont on se sert pour régler ces machines. Pour cet effet, on dispose la verge AV (fig. 19) du pendule, de manière que la lentille B peut monter et descendre séparément de la verge. On ajuste au bas de la verge un écrou CD, qui entre à vis sur le bout de la verge ; c'est lui qui retient la lentille après la verge. Lorsqu'on fait tourner l'écrou de D en G, c'est-à-dire en arrière, on fait descendre la lentille, et par conséquent retarder la pendule ; au contraire, en le tournant en avant, c'est-à-dire de C en D, on remonte la lentille, et la pendule avance.

Il faut observer que dans la plupart des pendules qu'on fait aujourd'hui, la lentille est enfermée dans la boîte, de sorte qu'on ne peut pas toucher à l'écrou et même qu'on n'en met point ; mais ces pendules sont, dans ce cas, disposées de sorte qu'on les règle en faisant tourner un carré qui passe au haut du cadran. En faisant tourner ce carré (au moyen d'une clé de montre) de gauche à droite,

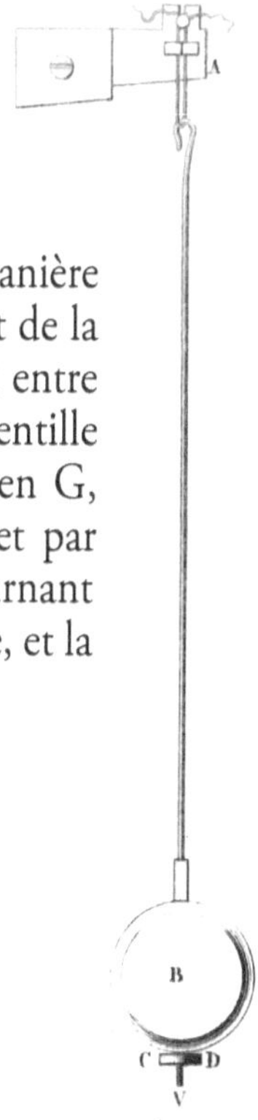

Fig. - 19.

(20) La longueur d'un pendule se mesure depuis le point A, qu'on nomme *centre de suspension*, jusqu'au point B, qu'on appelle *centre d'oscillation* ; la lentille plus ou moins pesante ne change pas la vitesse des oscillations.

on raccourcit le pendule et on fait avancer l'horloge. Au contraire, en tournant de droite à gauche, on allonge le pendule et on fait retarder l'horloge[(21)].

Les pendules qui ont trois pieds huit lignes et demie[(22)] de A en B, font chaque vibration en une seconde, c'est-à-dire 60 par minute et 3 600 par heure. Or, si on descend d'une ligne la lentille d'un tel pendule, la pendule retardera d'une minute 38 secondes en 24 heures, tandis qu'en faisant descendre d'un quart de ligne seulement la lentille d'un pendule de neuf pouces deux lignes et un quart, la pendule où un tel pendule serait appliqué retarderait d'une minute 38 secondes en 24 heures. D'où l'on voit que la quantité dont on doit tourner l'écrou pour régler l'horloge change selon que les pendules sont plus longs ou plus courts. D'ailleurs, cette quantité varie encore selon que les pas de la vis sont plus ou moins distants ainsi, on ne peut pas prescrire exactement combien on doit tourner l'écrou pour tel écart. Mais, pour éviter le tâtonnement, on se servira de la règle suivante.

Exemple

Mettez la pendule donnée sur l'heure d'une autre pendule réglée, ou avec un méridien ; observez combien elle a avancé ou retardé en 24 heures. Je suppose qu'elle a avancé de trois minutes : tournez l'écrou en avant de dix divisions, plus ou moins, s'il est *gradué*. S'il ne l'est pas, faites-le tourner d'un quart de tour en avant, remettez-la de nouveau à l'heure, voyez-la après 24 heures. Si elle avance encore d'une minute, ce sera une preuve que 10 divisions de l'écrou gradué, ou un quart de tour de celui qui ne l'est pas, a fait avancer la pendule de 2 minutes en 24 heures. Ainsi, pour la régler, on n'aura plus qu'à avancer l'écrou de 5 divisions ou d'un huitième de tour ; on appliquera le même raisonnement pour les autres cas[(23)].

(21) Plus généralement, on dispose aujourd'hui un boulon derrière le mouvement, un peu au-dessus du timbre. En tournant ce bouton d'un côté ou de l'autre, on fait avancer ou retarder. (Voir le chapitre sur les Pendules, dans la 2e partie).

(22) Voir la Note, page 18.

(23) Ce procédé est suffisant pour les pendules à l'usage civil, mais il n'est pas exact et ne doit pas être employé pour une pendule de précision.

- XI -

Comment il faut régler les pendules et les montres, par le passage du soleil au méridien

J'ai supposé jusqu'ici que, pour régler une montre, on avait la facilité d'en comparer la marche avec une bonne pendule déjà réglée sur le temps moyen, mais la plupart des personnes qui ont des montres, n'ayant pas de telles pendules de comparaison, il faut se servir d'un moyen qui puisse aisément s'employer en différents pays : ce moyen est celui du passage du soleil au méridien.

Les méridiens n'étant pas encore fort communs, on trouvera, dans l'article suivant, la manière d'en tracer d'assez bons pour régler les pendules et les montres.

On sait que le soleil varie (voy. chap. 1er), et que les pendules et les montres doivent suivre le temps moyen. Donc, lorsque l'on réglera une pendule ou une montre sur le méridien, il faudra faire la rectification des écarts du soleil.

Les variations du soleil sont indiquées pour chaque jour de l'année dans les tables d'équation[24].

Régler une pendule ou une montre sur le temps moyen, par le passage du soleil au méridien.

On veut mettre, le 6 octobre, par exemple, sa montre sur le temps moyen. On verra pour cet effet, dans la table d'équation, de combien le midi du soleil diffère du temps moyen. Si on trouve qu'il avance

(24) On en trouve dans l'*Annuaire du bureau des Longitudes*. Là, elles sont parfaitement exactes.

ce jour-là de 12 minutes, à l'instant du passage du soleil au méridien, on mettra le midi de la montre 12 minutes en retard[25] de celui du méridien. La montre sera donc sur le temps moyen.

Pour voir si elle est réglée, on attendra quelques jours pour revoir le méridien, jusqu'au 14, par exemple ; on verra dans la table de combien le soleil avance le 14. Si on trouve 14 minutes, la montre est réglée : il faut que, lorsqu'il sera midi au soleil, le midi de la montre soit de 14 minutes en retard ; si elle diffère plus ou moins de 14 minutes, c'est une preuve qu'elle n'est pas réglée, on touchera donc à l'aiguille de rosette à proportion de l'écart.

Pour mettre exactement une pendule à secondes à l'heure du méridien, il faut se servir d'une montre à secondes que l'on arrête sur midi, par le moyen de la détente F (fig. 11, p. 24), que l'on pousse, et dont la partie G arrête le balancier jusqu'au moment où l'astre passe au méridien. Dans cet instant, on retire la détente F et la montre marche. De cette manière on a le temps du passage avec une grande précision. Il ne s'agit plus que de mettre la pendule à l'heure d'après la montre.

Faire suivre les variations du soleil à une montre, et la régler en même temps.

On a mis le 10 janvier sa montre avec le soleil, et on veut la remettre le 20 : avant de toucher aux aiguilles, on verra de combien la montre diffère du soleil. Je suppose qu'elle avance de 3 minutes sur le méridien, on la remettra avec le soleil et pour savoir si c'est la montre qui a varié, on verra quelle est la différence de l'équation du 10 et du 20 janvier. On trouve que le 10 janvier le soleil retarde de 8 minutes, et que le 20 il retarde de 11 minutes et demie ; c'est donc 3 minutes et demie dont il retarde de plus le 20. La montre doit donc être en avance de 3 minutes et demie sur le soleil si elle diffère de plus ou moins, on touchera à l'aiguille de rosette à proportion de l'écart.

(25) La raison de cette opération est simple, car lorsque le midi du soleil s'avance, c'est dire que le temps moyen retarde, et au contraire, si le soleil retarde, c'est dire que le temps moyen avance.

- XII -

Manière de tracer des lignes méridiennes propres à régler les pendules et les montres

1° – Tracer une ligne méridienne sur un plan horizontal[26]

Ayez une pierre[27] ABCD (fig. 20) bien plane et unie, que vous poserez horizontalement au moyen du niveau (fig. 21). Pour cet effet, vous ferez caler la pierre jusqu'à ce que le fil du plomb reste toujours

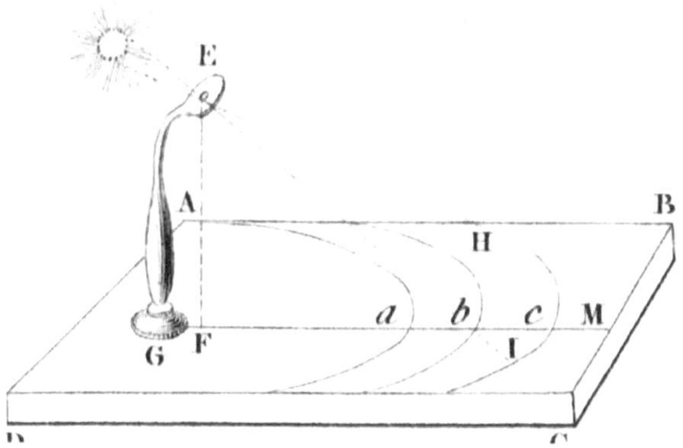

Fig. - 20.

(26) On appelle horizontale une surface qui ne penche d'aucun côté, comme l'est le dessus d'une table ou, plus exactement, l'eau qui repose dans un vase.

(27) La plus grande sera la meilleure ; il faut lui donner deux ou trois pieds de longueur car plus la ligne que l'on tracera sera longue, et le style ou index élevé, et plus la méridienne sera juste : c'est par cette raison qu'une ligne tracée sur un plancher, ou celle qui est tracée sur un mur, est préférable à cette première.

(C'est une erreur, car plus on augmente les dimensions d'un tel appareil, plus l'incertitude de la pénombre augmente. Les petits appareils sont d'une exécution plus facile et peuvent être aussi précis lorsqu'ils sont bien faits.)

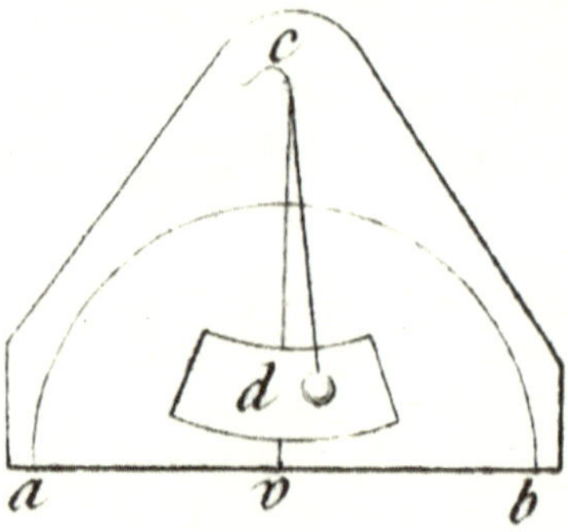

Fig. - 21.

dans la verticale *v*, après quoi il faudra la fixer solidement. Placez à l'extrémité de cette pierre, du côté où le soleil paraît à midi, le style ou index EG[28], dont la plaque E soit percée à son centre d'un trou qui ait environ une ligne, et soit propre à laisser passer la lumière du soleil : faites passer par le milieu de ce trou le fil à plomb (fig. 23) ; marquez sur la pierre le point qui répond au-dessous de la pointe *n* ; de ce point F comme centre, tracez avec un compas les circonférences *a, b, c*. Observez avant 9 heures ou 9 heures et demie le moment auquel la lumière qui passe par le trou du style viendra couper cette circonférence, marquez bien exactement dans la circonférence *c*, et par le milieu de l'ombre, le point H sur le plan. Observez après midi l'endroit I où la lumière viendra couper la même circonférence, divisez l'arc HI en deux également ; du milieu *c* et du point F menez la ligne MF, qui sera la méridienne cherchée.

Fig. - 23.

2° – Tracer une méridienne sur le parquet ou carreau d'une chambre.

Pour tracer une telle ligne, il faut premièrement trouver l'instant de midi sur un plan horizontal ; pour cet effet on peut placer la pierre dans un jardin[29], qui ne soit pas fort éloigné de la chambre où l'on veut tracer la ligne méridienne ; on peut aussi la poser sur l'appui d'une fenêtre, si la situation le permet. Après avoir fixé horizontalement cette pierre, qui aura deux

(28) Pour trouver la hauteur du style, aux diverses latitudes de la France, il faut mesurer la distance du point F jusqu'à l'extrémité M de la pierre, ce qui donnera la longueur de la ligne méridienne. Ce point F se trouvera à peu près, en réservant à l'extrémité G de la pierre et en dehors de F, la place pour la base G du style, à peu près comme on le voit dans la figure 20. Ayant ainsi trouvé la longueur FM de la ligne, on cherchera, dans la table qui est à la suite des tables d'équation, quelle doit être la hauteur qui convient à cette ligne, que je suppose de 2 pieds. On trouve dans la table, à côté de 2 pieds, le nombre de 7 pouces 7 lignes ; on fera donc un style GE, qui soit tel que de E en F il y ait juste 7 pouces 7 lignes. On scellera ce style après la pierre, de cette manière, on sera assuré qu'en hiver, lorsque le soleil est le moins élevé sur l'horizon, l'ombre de la plaque ne portera ni trop en dehors du plan ni trop en dedans, mais juste à l'extrémité.

(29) Ou autre lieu situé en plein air.

ou trois pieds, on fera tourner une pièce ou quille de bois (fig. 22), dont la boule *b* ait environ 6 lignes de grosseur et soit élevée au-dessus de sa base, de manière qu'à neuf heures l'ombre de la boule porte à l'extrémité de la pierre. On fixera au centre de la base B une pointe P, que l'on fera entrer dans un trou fait en F (fig. 20) à la pierre du côté du midi ; de ce trou, comme centre, vous décrirez les circonférences *a, b, c*, et trouverez, comme dans l'exemple précédent, la ligne MF, qui donnera le midi demandé.

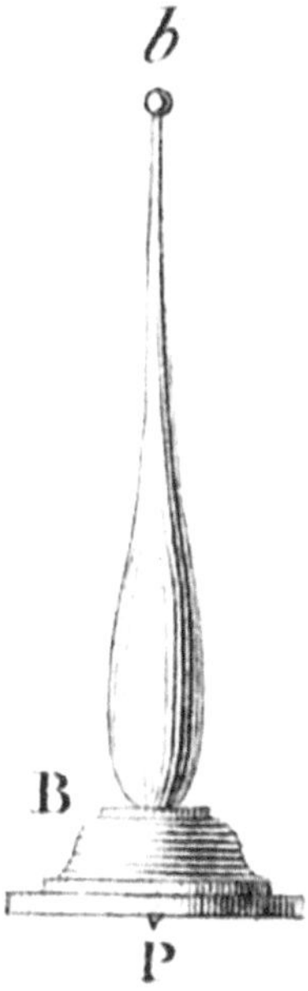

Fig. - 22.

On fixera ensuite, à l'embrasure de la fenêtre de la chambre où on veut tracer la méridienne, un style ou index qui ait un trou d'environ trois lignes de grosseur. Mais pour ne pas donner trop ou trop peu de hauteur à ce style au-dessus du plancher avant de le sceller, il faut mesurer, à l'heure de midi, la distance qu'il y a depuis l'embrasure de la fenêtre jusqu'à l'extrémité de la chambre, en suivant pour cela la direction indiquée par l'ombre que fait le côté de la fenêtre sur ce plancher.

Cela donnera la longueur de la ligne méridienne, laquelle je suppose de dix pieds : la hauteur que doit avoir le style sera de 3 pieds 2 pouces un quart.

On scellera donc à l'embrasure de la fenêtre un style dont le milieu du trou soit élevé au-dessus du plancher de 3 pieds 2 pouces un quart. On attendra le lendemain le moment où l'ombre de la boule du plan horizontal sera partagée en deux par la ligne MF.

Dans l'instant[30] on marquera sur le plancher le centre de lumière qui passe à travers le trou du style fixé à la fenêtre, le point en sera un de la méridienne.

Pour en trouver un second, il faut tendre un fil depuis le milieu du trou du style jusqu'au point de midi marqué sur le plancher ; on suspendra à ce fil le plomb (fig. 23), assez en dedans de la chambre pour éviter seulement l'appui de la fenêtre, ou tel autre obstacle qui peut se trouver sous le style ; on marquera sur le plancher un point qui soit exactement sous la pointe du plomb.

(30) On conçoit que, pour saisir cet instant, il faut deux personnes, l'une qui observe sur le plan horizontal le moment de midi, et l'autre qui attende cet instant pour marquer sur le plancher le milieu de l'image solaire, dès que son correspondant a fait le signal convenu.

De ce point et de celui déjà trouvé, on tracera une ligne qui sera la méridienne cherchée.

3° – Tracer une ligne méridienne sur le mur d'une maison ou d'un jardin

Trouvez, de la manière que j'ai dite ci-dessus, le moment de midi sur un plan horizontal, déterminez la longueur que peut avoir la ligne, trouvez la hauteur du style qui lui convient(31). Faites sceller le style après le mur, de manière que le milieu du trou du style soit éloigné du mur, de la hauteur indiquée par la table, attendez que l'ombre de la boule ou style du plan horizontal soit partagée par la ligne MF ; dans le moment, marquez sur le mur le milieu de l'image solaire qui passe par le style, suspendez le plomb de manière que le fil divise le point de midi en deux, marquez à l'extrémité où le fil est suspendu, un autre point qui soit aussi divisé en deux par ce fil ; faites passer par ces deux points une ligne qui sera la méridienne cherchée.

Construction du niveau (fig. 21)

TABLE

Qui donne approximativement les hauteurs que doivent avoir les styles, *pour des longueurs données de lignes méridiennes de 42 à 50° de latitude.*

LONGUEUR de la LIGNE MÉRIDIENNE.	HAUTEUR du STYLE.
mètre.	mètre.
0,100	0,030
0,250	0,075
0,500	0,150
0,750	0,225
1,000	0,300
2,000	0,600

Si on n'a pas de niveau pour placer horizontalement la pierre sur laquelle on veut tracer une méridienne, on pourra aisément le construire soi-même de la manière suivante.

Ayez une planche (fig. 21), qui soit dressée d'un côté ; divisez-la en deux parties égales. Du point milieu *v* comme centre, décrivez le demi-cercle *a, b* ; des points *a, b*, décrivez les deux portions de cercle *c* qui se coupent en *c* ; tirez, des points *c* et *v*, la ligne *c, v* qui sera perpendiculaire au côté *ab* : ainsi, en attachant au point *c* un fil qui suspende la boule *d*, on aura un niveau.

(31) Cette hauteur du style ne conviendra que dans le cas où le mur sera bien au midi car s'il décline d'un côté ou d'autre, le style devra être plus court ou plus long.

- XIII -

Des précautions à mettre en usage pour acquérir de bonnes montres et pendules

Quoiqu'il y ait une très grande différence d'une montre bien faite à une médiocre, de celle qui est bien construite à celle qui ne l'est pas, il est bien difficile de donner des règles pour que tout autre qu'un artiste puisse en juger, puisqu'une partie de ceux qui professent l'horlogerie ne sont pas fort en état de le faire.

J'indiquerai donc ici quelques moyens qui pourront suppléer à ces règles.

1. - Il faut s'adresser à un artiste dont la réputation soit faite, et autant établie sur les sentiments d'honnête homme que sur le talent. Cette première condition qu'on exige d'un artiste est inutile si l'autre ne l'accompagne.

2. - La beauté d'une pendule ou d'une montre ne dépend pas tant de l'extrême beauté d'exécution de chaque partie qui la compose, que de l'intelligence de l'artiste, et des principes qu'il a suivis car une montre parfaitement bien exécutée peut aller très mal (ce qui arrive assez souvent), tandis qu'une montre qui sera médiocrement bien faite en apparence ira fort juste ; les soins d'exécution sont très essentiels, mais il faut savoir les appliquer.

Une bonne montre ou pendule est donc celle où l'on a réuni les principes et une bonne exécution : il est vrai qu'il est assez rare de voir ces parties réunies dans le même ouvrage mais si on ne peut acquérir de pareilles machines, au moins doit-on préférer à la main brillante d'un ouvrier qui ne sait pas raisonner, l'artiste qui possède les principes de son art, et dont l'étude suivie et des expériences délicates ont formé la théorie[32].

3. - Pour avoir une bonne montre, il faut laisser la liberté à l'artiste de la construire à son gré, sur les principes qu'il imaginera les plus propres à donner de la justesse, en lui recommandant cependant de suivre plutôt une construction que le temps et l'usage ont confirmée, qu'une autre qui ne dépend que d'un système idéal que l'expérience démentira peut-être.

4. - Comme la différence d'une pendule on d'une montre bien faite à celle qui ne l'est pas est très grande, ainsi que je l'ai dit, la différence du prix d'une montre bien faite et bien construite à une qui ne l'est pas doit de même être très grande, ce qui est bien aisé à concevoir car, pour faire des pendules et des montres les plus parfaites possibles, il faut avoir le génie des machines, et joindre à cela une bonne exécution, la moindre partie d'une montre exigeant des soins et des raisonnements suivis. Or, ces soins, ces raisonnements ne s'acquièrent que par un travail très long, et par une étude particulière, et on ne les applique qu'en y employant beaucoup de temps. Mais si le temps qu'un habile artiste emploie à exécuter une bonne montre est double du temps qu'emploie un artiste médiocre, par cette seule raison son ouvrage doit être payé le double de l'autre. Enfin, les raisonnements qu'il y applique, l'étude qu'il fait pour perfectionner ce qu'il exécute, exigent sans doute qu'on fasse une différence de son ouvrage d'avec celui de son confrère peu habile. Or, pour porter un artiste à bien faire, il faut le payer proportionnellement à son talent, et ne pas le borner sans quoi vous le forcerez à vous donner des montres ou pendules médiocres, semblables à celles que font les manœuvres horlogers, et que vendent les marchands.

5. - Pour avoir une montre qui soit constamment bonne, même en passant entre les mains d'un ouvrier médiocre, il faut qu'elle soit d'une grosseur moyenne, et éviter l'extrême petitesse. Une petite montre peut cependant aller aussi bien qu'une montre ordinaire[33] mais

(32) Les fabricants de Genève et ceux des autres cantons suisses devraient bien se pénétrer de ce principe ; ils se livreraient alors un peu à l'étude de l'horlogerie, et non simplement et exclusivement au travail de la main. Il faut s'en être convaincu par soi-même pour croire que, sous un territoire aussi étendu que le canton de Neufchâtel, qui exporte chaque jour des milliers de montres, on rencontre à peine quelques hommes qui se soient occupés de l'art de l'horlogerie, indépendamment de la main-d'œuvre. En 1835, lorsque j'ai visité ce pays, on n'en citait que deux. Genève n'est malheureusement pas plus fécond en hommes d'étude.

(33) Dans les montres d'un trop grand volume, il y a une surabondance de force qui, tout en permettant un régulateur puissant, ne donne pas plus de régularité qu'on en obtient d'une force moyenne, parce que cette surabondance de force conduit à la destruction, et la destruction mène

comme les petites montres sont infiniment plus difficiles à exécuter, le nombre des bonnes en est très petit ; elles sont d'ailleurs plus sujettes à être estropiées par les ouvriers qui les raccommodent.

6. - Les pendules et les montres sont des machines destinées à mesurer le temps ; ainsi, le but qu'un habile artiste doit avoir, en changeant la construction de ces machines, doit être de leur donner un plus grand degré de justesse, ou bien de leur faire produire un plus grand nombre d'effets. Toutes les fois donc, que l'on verra dans une montre une augmentation d'ouvrage qui ne tendra pas à ce but, on peut décider à coup sûr que celui qui l'a faite est un ignorant, ou qu'il veut en imposer à ceux qui le sont. Un artiste qui a du génie et qui aime son art ne s'occupe, au contraire, que des moyens de perfectionner les machines qu'il construit, et il ne fait que des changements qui ont une utilité marquée : un tel artiste doit donc faire bien peu de cas de ces choses singulières et inutiles, comme sont, par exemple, les montres dont on découpe les platines, celles dont on cache les roues dans l'épaisseur des platines, pour faire croire qu'elles sont plus simples, etc.

On doit donc faire choix de montres dont la construction soit simple et solide, et faites sur un plan qui concilie la bonté des principes et l'exécution facile, choses très essentielles, si on veut avoir une montre qui dure car il est à remarquer qu'une montre ordinaire qui était bonne dans son origine, est devenue mauvaise par les différentes mains dans lesquelles elle a passé. À plus forte raison cela arrivera-t-il à ces montres dont on augmente les défauts et les difficultés d'exécution[34].

Quant à la manière de connaître des montres par l'essai, il est assez difficile de s'y arrêter et d'en faire usage car on ne propose pas à un habile homme d'essayer ses montres : ce serait l'outrager sans nécessité. Puisque lorsqu'on lui a demandé une bonne montre, et qu'on la lui paie comme telle, il doit la faire bien aller ou la reprendre (si elle va

---

toujours à l'irrégularité. Ainsi, une montre d'homme à cylindre de 5 à 6 centimètres, haute en proportion, et dans laquelle il n'y aurait pas d'espace perdu, devrait être réputée trop grande. On en fait peu de cette disposition.

Mais aussi, une montre de cou pour une dame, si elle n'a pas au moins trois centimètres de diamètre, doit être considérée comme trop petite; son régulateur, trop peu puissant, n'a pas la force nécessaire pour vaincre la résistance variable des huiles, et une telle montre, quelque bien exécutée qu'elle soit, ne donnera pas une marche aussi régulière que celle d'une montre entre les limites indiquées. (Voir la seconde Partie.)

(34) Nous ajouterons nos efforts à ceux de F. Berthoud, pour que les jeunes artistes soient bien convaincus qu'il y a plus de mérite et de talent dans la composition et l'exécution d'une pièce d'horlogerie simple, mais bien ordonnée dans toutes ses parties, que dans certains ouvrages où la prodigalité de luxe d'exécution n'est aucunement motivée ; et cela est si vrai, qu'on trouve de très grands nombres d'ouvriers capables de déployer le plus grand luxe d'exécution, tandis que les compositeurs de machines simples et bien raisonnées sont fort rares.

assez mal pour cela) ; et pour les montres ordinaires, il arrive souvent qu'elles vont bien pendant quelque temps, et ensuite très mal : ainsi, l'essai en de semblables ouvrages est inutile.

Pour juger du mérite d'une montre, il faut en examiner toutes les parties démontées et les voir séparément. Par là, on juge si une montre est bonne, si elle peut marcher constamment avec la même justesse. Or, pour cela, il faut un habile homme, et il n'y a vraiment que celui-là qui puisse estimer une montre et la faire marcher constamment juste.

S'il est nécessaire, comme on ne peut en disconvenir, de s'adresser à un habile artiste pour avoir de bonnes montres, il est assez naturel de s'adresser à des horlogers ordinaires pour en avoir de médiocres ; car, si peu qu'on leur suppose de talent, ils seront toujours plus en état de choisir et vendre une montre, que des marchands de toute espèce qui se mêlent de l'horlogerie, et qui, non contents de livrer de l'ouvrage médiocre, le font payer plus cher que ne le ferait un horloger, puisque la plupart des ouvrages d'horlogerie que vendent ces marchands sont fournis par des horlogers (sur qui ils gagnent), et ces ouvriers n'étant pas responsables des ouvrages qu'ils vendent à vil prix aux marchands, s'inquiètent fort peu de leur perfection.

D'ailleurs, ces marchands savent fort bien employer des mauvais mouvements de Genève dans des boîtes de Paris, faire marquer les noms des bons maîtres sur ces montres, et les vendre comme si elles étaient bonnes. Si donc on veut avoir de bonne horlogerie, qu'on s'adresse à un habile homme, et pour de l'horlogerie médiocre, à des horlogers inférieurs. Voilà les grandes règles à suivre. On me dira peut-être que des horlogers trompent et vendent souvent de mauvais ouvrages pour bons, et qu'il faudrait donner des moyens propres à prévenir cet abus de confiance. J'avoue qu'en effet il y a des horlogers d'assez mauvaise foi pour tromper mais je ne connais de moyens sûrs de l'éviter que de s'adresser à des horlogers connus, et de s'en rapporter à leurs lumières et à leur probité, en faisant attention surtout que la bonté des ouvrages est toujours en proportion du prix que l'on veut y mettre et que, trompé pour trompé, on l'est moins en s'adressant à des horlogers pour l'achat des ouvrages d'horlogerie, qu'en s'en rapportant à ceux qui n'y connaissent rien, comme sont les marchands de montres. Car, au moins, les premiers ont des connaissances dans l'art, quelque bornées qu'elles soient, et ils peuvent plutôt choisir que les marchands qui ont la même dose de tromperie, et l'ignorance en sus.

Enfin, si on veut acquérir assez de lumières pour juger soi-même des montres, il faut devenir artiste, ou tout au moins avoir quelque teinture d'horlogerie : pour cet effet, il faut lire les livres qui en parlent.

Alors, appliquant ces notions à l'examen des montres et pendules, on pourra commencer à en juger[35].

(35) Gardez-vous bien, cependant, de croire que, parce que vous aurez lu des ouvrages d'horlogerie, ou parce que vous en aurez fait une légère étude, vous serez en état de tout juger. Les artistes consommés, dans plusieurs années d'étude et de méditation ont acquis, non seulement ces connaissances élémentaires que vous avez apprises peut-être en quelques semaines, mais ils en possèdent beaucoup d'autres.

Gardez-vous surtout, quoique vous ayez bien entendu, bien compris les principes qui ont dirigé un artiste dans un travail ; gardez-vous, dis-je, de considérer ces principes comme inflexibles, et de ne trouver bien que ce qui y est conforme. En horlogerie, un élément est toujours lié à un autre, et la perfection résulte des rapports convenables entre les éléments relatifs. Ainsi, telle chose qui sera excellente dans un cas sera souvent mauvaise dans un autre. C'est cette connaissance parfaite du rapport des éléments entre eux qui constitue la science de l'horloger, et qui ne peut s'acquérir que par une étude sérieuse et une pratique éclairée.

En horlogerie comme en médecine, les demi-connaissances sont souvent plus nuisibles que l'absence de toute étude.

- XIV -

Des moyens de conserver les montres

Lorsqu'on a fait l'acquisition d'une bonne montre, cela ne suffit pas ; il faut encore savoir la conduire, la régler, songer à la faire nettoyer de temps en temps, et rétablir ce que le mouvement, les frottements et le temps détruisent dans la machine. Pour cet effet, il est bien essentiel de s'adresser à des horlogers intelligents, et qui joignent à cela de la bonne volonté. Il est même à propos de s'adresser, autant qu'il est possible, à celui qui a fait la montre car il est engagé par honneur à la bien faire aller, au lieu que son confrère s'en inquiète très peu et que souvent même, il la détruit par ignorance, et quelquefois par la mauvaise foi.

Si ce sont là des vérités désagréables pour les ouvriers qui sont en faute, il est essentiel aussi que le public les connaisse car la plupart des montres périssent entre les mains de ces ouvriers, et le temps, les frottements, etc., font moins de ravages que la manière dont ils réparent les montres. Le seul moyen que je connaisse pour prévenir ces difficultés c'est, comme je l'ai dit, de remettre sa montre à celui qui l'a faite, ou à un horloger connu pour son talent et pour sa probité : dans ce cas, la montre qu'on lui donne à mettre en état ne pourra que devenir meilleure car il est à observer que plus un homme a de talents, et moins il est capable de mépriser l'ouvrage de son confrère ; bien loin de là, l'amour qu'il a pour la perfection l'engage à en procurer un degré à tous les ouvrages qui lui passent par les mains.

Une économie mal entendue guide souvent le public, on veut éviter de dépenser de l'argent pour l'entretien de sa montre, et c'est toujours aux dépens de la machine. Telle personne qui donne sa montre à réparer, dit à l'horloger qu'il n'y a qu'à la nettoyer, l'horloger voit les imperfections de la montre, soit celles causées par la construction ou autres, mais il ne peut y remédier, puisqu'il n'en serait pas payé. Il arrive souvent que cette montre, simplement nettoyée, va beaucoup plus mal qu'elle ne faisait auparavant, car une montre très mal faite, mal composée, enfin ce qu'on appelle une mauvaise montre, peut aller très bien, et devoir la cause de sa justesse aux vices mêmes de la machine. Or, si on nettoie une telle montre, et qu'on ôte quelques-uns de ces vices, elle ne manquera pas d'aller fort mal et celui à qui elle appartient ne manquera pas de dire : *l'horloger a estropié ma montre*(36) ; et cependant il n'en est rien, par bien des raisons qu'il serait trop long de dire ici, et dont voici la principale : c'est que la liberté que l'on donne à une montre, en la nettoyant, ôte cet état d'équilibre qui régnait auparavant entre le régulateur et le moteur, et que le balancier suit alors, plus qu'il ne faisait, les impressions du moteur, l'inégalité des engrenages, etc.

Une personne qui, ayant une bonne montre, désire de la conserver telle, doit donc ne la remettre qu'en des mains sûres pour la réparer ; il doit de même la faire nettoyer au moins tous les deux ans.

Il se trouve des personnes dont le gousset est si chaud, qu'en très peu de temps les huiles de la montre se dessèchent ; ce qui fait varier et ensuite arrêter la montre, et détruire les pivots, ainsi que le cylindre (si c'est un échappement à repos), que la roue tend à creuser. Ceux qui sont dans ce cas doivent donc faire nettoyer leur montre plus souvent, ou bien garantir leur montre de ce trop de chaleur, en faisant pour cela garnir leurs goussets.

Comme l'humidité fait rouiller l'acier, on doit tenir les montres, le plus qu'il est possible, dans un lieu sec.

La poussière et les ordures qu'on laisse introduire dans une montre en dessèchent les huiles et fournissent des matières qui, venant à se broyer avec l'huile par le mouvement des roues, ne tendent qu'à ronger les parties auxquelles elles s'attachent : ce qui détruit insensiblement.

(36) Il y a même des gens assez peu instruits pour croire qu'on peut changer des pièces de leurs montres et qui disent, lorsque leurs montres vont mal en sortant des mains de l'ouvrier qui les a nettoyées : il a changé les ressorts de ma montre.

- XV -

Contenant le précis des règles qu'il faut suivre pour conduire et régler les montres et les pendules ; les observations qu'il est à propos de faire pour jouir avantageusement de ces machines utiles

1. - Le soleil n'emploie pas tous les jours le même temps à revenir au méridien : son mouvement est donc variable. (Voy. page 11 et suiv.)

2. - Les pendules et les montres ne peuvent suivre naturellement les variations du soleil, page 33.

3. - Lorsque l'on veut connaître si une montre va juste, et qu'on la compare avec un méridien ou cadran solaire, il faut tenir compte des écarts faits par le soleil, et faire usage pour cela des tables d'équation. (Chapitre XI)

4. - Les montres sont sujettes à des variations qui n'ont aucune règle constante, étant produites par le chaud, le froid, par les divers mouvements auxquels elles sont exposées, etc. ; lorsqu'une montre ne fait qu'une minute d'écart par jour[37], tantôt en avançant et tantôt en retardant, on ne doit pas s'en plaindre. (Chapitre V).

5. - Les pendules ne sont pas sujettes aux mêmes variations que les montres ; on peut donc s'en servir pour régler les montres. (Pages 32 et 37).

(37) Les montres à cylindre donnent un plus grand degré de précision.

6. - Il faut remettre sa montre à l'heure tous les huit ou dix jours avec une bonne pendule ou avec un méridien. Si elle ne fait que huit minutes d'écart en huit jours, il faut simplement remettre les aiguilles sur l'heure, mais si elle s'est écartée de plus de huit minutes, soit en avance ou en retard, il faut, non seulement remettre les aiguilles mais toucher en conséquence à l'aiguille de rosette ou à la raquette.

7. - Lorsque la montre avance il faut, pour !a régler, tourner l'aiguille de rosette en arrière, c'est-à-dire dans le même sens que vous tournez celle des minutes pour retarder la montre en l'amenant d'une heure à midi ; et au contraire, si la montre retarde, il faut tourner l'aiguille de rosette en avant, c'est-à-dire dans le même sens que vous tourneriez l'aiguille des minutes pour la conduire de midi à une heure et dans les montres à cylindre on pousse la raquette selon l'indication qui se trouve sur le cadre(38). (Page 43).

8. - Il ne faut tourner l'aiguille de rosette à chaque fois, que d'une demi-division du petit cadran, à moins que la montre ne fasse un grand écart en vingt-quatre heures, comme de quatre à cinq minutes ; alors on peut tourner l'aiguille d'une ou deux divisions, plus ou moins, selon l'écart. (Voyez page 46).

9. - Pour remettre une montre à l'heure, il faut se servir de la clé, et faire tourner l'aiguille des minutes par son carré, jusqu'à ce que la montre marque l'heure et la minute qu'il est, ayant attention de ne point faire tourner l'aiguille des heures séparément de celle des minutes. Dans les montres à cylindre qui se mettent à l'heure par-derrière, il faut prendre garde à ne pas forcer avec la clé ; on casserait la pièce qui porte l'aiguille des minutes.

10. - Lorsqu'une montre à répétition marque une heure, et qu'elle en répète une autre, on peut tourner l'aiguille des heures séparément de celle des minutes, et la mettre sur l'heure et le quart que la pièce a répétés ; il faut pour cela que l'aiguille des heures tourne facilement. Alors, on peut supposer l'avoir dérangée sans s'en être aperçu. Après l'avoir ainsi tournée, il faut appuyer avec la pointe d'un canif sur le centre de l'aiguille en pressant contre le cadran, afin d'arrêter l'aiguille avec son canon et l'empêcher de se déranger de nouveau ; on remettra ensuite, selon l'article précédent, les aiguilles à l'heure qu'il est.

Mais si l'aiguille des heures tourne difficilement, il faut porter la montre à l'horloger car, outre qu'on pourrait casser l'aiguille, on

(38) Dans les montres à cylindre, on pousse la raquette selon l'indication qui est sur le coq.

doit supposer, dans ce cas, que le dérangement des aiguilles, avec la répétition, est causé par les pièces qui sont sous le cadran.

11. - Lorsque les aiguilles d'une montre, soit à répétition ou sans répétition, sont en avance ou en retard d'une heure ou deux, plus ou moins, il faut les tourner du côté où elles auront le moins de chemin à faire, soit qu'il faille les tourner en arrière ou en avant ; il n'y a pas plus de risque d'un côté que de l'autre.

Il suit de là, que si on a oublié de remonter sa montre et qu'elle se trouve en avance d'une demi-heure, deux heures, etc., il faut faire rétrograder les aiguilles de cette quantité, plutôt que de les tourner en avant de onze heures et demie, plus ou moins ; ce qui arrive à beaucoup de personnes, par crainte de gâter leurs montres. Elles font cependant ce qu'elles veulent éviter car en faisant beaucoup tourner les aiguilles, cela rend les canons qui les portent trop libres sur leurs axes, et alors la moindre chose les dérange ; il arrive même qu'à de telles montres, la montre marche, tandis que les aiguilles restent immobiles.

12. - Si on a une montre à sonnerie ou à réveil, ou d'une construction particulière, à laquelle le mouvement rétrograde de l'aiguille puisse être à craindre, il est aisé de s'en assurer ; il ne faut pour cela que reculer l'aiguille des minutes, et si on sent tout à coup une forte résistance, il vaut mieux les tourner en avant.

13. - Il faut remonter sa montre tous les jours à la même heure. Une montre ordinaire étant susceptible d'avance ou de retard, selon que la force de son grand ressort est plus ou moins grande (voyez pages 25 et 29), on a adapté la fusée aux montres, afin de corriger les inégalités du ressort. Mais il est rare que les fusées soient assez bien faites pour rendre uniforme l'action du ressort sur le rouage car il arrive à plusieurs montres qu'elles avancent ou retardent pendant les douze premières heures, après qu'on les a remontées, et qu'elles retardent ou avancent pendant les douze heures suivantes. Or, en remontant sa montre au bout de vingt-quatre heures, on la règle en conséquence ; ainsi l'avance des douze premières heures est compensée par le retard des douze dernières, alors que si on la laisse marcher plus de vingt-quatre heures, elle continuera à retarder ou à avancer. Mais ce retard n'étant pas compensé, cela produira dans la montre une variation qui sera d'autant plus grande qu'on la remontera alternativement, tantôt après vingt-quatre heures, vingt-trois, et ensuite vingt-huit, trente heures, etc.

14. - Il faut tenir une montre le plus approchant possible de la même position. Lorsqu'on porte une montre, elle est à peu près comme si elle était suspendue par son cordon. Ainsi, dès qu'on ne la porte plus, il faut la suspendre à un clou ; faire attention que la boîte pose contre la cheminée, pour que la vibration du balancier ne communique point son mouvement à la montre.

15. - On doit tenir, le plus qu'il est possible, sa montre à la même température. Ainsi, en hiver, lorsque le soir on pose sa montre, il faut l'accrocher à un lieu chaud, à la cheminée, par exemple. (Chapitre VIII.)

16. - On doit placer sa montre dans le gousset, de manière que le cristal soit du côté du corps, afin que si la montre reçoit un coup, le fond, qui est plus résistant, évite l'accident.

17. - On ne doit pas tourner les aiguilles d'une montre à répétition pendant que la pièce sonne.

18. - Quand une montre à répétition sonne trop vite ou trop lentement, il est facile de l'en corriger : c'est à cet usage qu'est destinée l'aiguille EL (fig. 10, p. 25). En ouvrant sa montre, on reconnaîtra aisément cette aiguille, située auprès du coq. Lorsque la répétition sonne trop lentement, il faut tourner l'aiguille par son carré E, du côté de la lettre initiale V, qui veut dire *vite*, et quand la sonnerie va trop vite, il faut tourner l'aiguille du côté de la lettre initiale L, qui veut dire *lentement.*

19. - Un homme qui voyage ne peut pas juger si sa montre est réglée, à moins qu'il ne fasse attention à la différence du midi du lieu où il était d'abord, au midi du lieu où il est actuellement, c'est-à-dire à la longitude des lieux. Ainsi, une personne qui partirait de Paris, ayant mis sa montre au méridien, et qui irait à Pétersbourg, trouverait sa montre en retard de deux heures sur le méridien de Pétersbourg, et pourrait croire que sa montre a varié, tandis que ce ne sont, en effet, que les méridiens qui diffèrent, puisqu'il est une heure cinquante-deux minutes après midi à Pétersbourg, lorsqu'il n'est que midi à Paris.

20. - Il faut faire nettoyer sa montre tous les deux ans. Il est plus essentiel qu'on ne pense de ne la confier qu'à un horloger habile, sans quoi elle ne peut que dépérir.

21. - On ne doit pas faire tourner les aiguilles de secondes des montres. Lors donc qu'on veut mettre de telles montres à la minute et à la seconde, il faut arrêter le balancier au moyen de la détente, s'il y en a une, au moment où l'aiguille des secondes est sur la soixantième ; alors on met les autres aiguilles à l'heure et minute et lorsque le soleil passe au méridien, ou bien lorsqu'il est midi, ou l'heure juste à la pendule, on retire la détente, et la montre part, on a l'heure très exactement.

DEUXIÈME PARTIE

Avertissement
sur cette deuxième partie

La première partie de ce livre fut publiée par Ferdinand Berthoud en 1759 sous le titre de : *L'Art de régler les Montres et les Pendules* ; elle contient toutes les notions nécessaires pour que chacun puisse régler ses montres et ses pendules. Nous avons fait à ce travail peu de changements, nous étant borné seulement à quelques additions, à remplacer des locutions anciennes par celles usitées aujourd'hui, et à développer des points qui ne paraissaient pas l'être suffisamment.

Depuis l'époque à laquelle Ferdinand Berthoud écrivit cet ouvrage, l'horlogerie a presque totalement changé de face. C'est pourquoi nous avons cru devoir ajouter les différents chapitres qui composent cette seconde Partie. Ces additions seront peut-être agréables aux horlogers qui ne se sont pas trouvés dans la possibilité de faire de grandes études dans leur partie. Elles seront aussi utiles aux personnes qui, s'étant un peu occupées de mécanique, voudront fixer un instant leur attention sur les questions d'horlogerie qui y sont discutées.

Ce que j'ai dit des montres à cylindre l'a été dans l'intention d'éviter à de jeunes horlogers, et à beaucoup d'acheteurs, de tomber dans des erreurs trop fréquentes. Ainsi, on a généralement trop de confiance dans le cylindre en pierre. La fureur des montres trop plates conduit à avoir de mauvaises machines, nous devions le répéter ici.

Les toutes petites montres de cou, que veulent les dames, sont encore des machines trop frêles ; elles sont dénuées de toutes les conditions nécessaires pour une bonne marche. Aussi, celles qui voudront une montre et non un bijou feront un choix dans les dimensions que nous leur avons indiquées.

En avertissant les mécaniciens, les ingénieurs, les médecins, etc., que les montres à secondes indépendantes, telles qu'ils les demandent généralement, ne sont pas plus exactes pour les observations et qu'elles sont beaucoup plus dispendieuses d'achat et d'entretien que les simples montres dites à petites secondes, ou secondes excentriques, ou trotteuses, nous avons cherché à combattre un préjugé, et rendre un service, en démontrant l'inutilité d'une dépense bien plus grande qu'il n'est nécessaire.

Le procédé que nous communiquons aux horlogers qui voudraient eux-mêmes argenter leur cadran de pendule et les peindre pourra être agréable et fort utile à ceux qui, étant éloignés de la capitale, auront à restaurer des cadrans abîmés par le temps. Lorsqu'ils se seront un peu exercés, ils feront facilement ce travail.

Le procédé de dorure à froid que nous avons créé sans acides forts et sans mercure, tout simple qu'il est, n'a, jusqu'à ce jour, été découvert par personne, quoique nous ayons présenté des pièces dorées par ce moyen à l'Exposition des Produits de l'Industrie de 1839. Il est très avantageux pour dorer toutes les pièces qui ne peuvent être exposées à la chaleur et donne la couleur désirée et le demi-mat qui lui est propre, ou l'aspect de la dorure gratte-boissé, si on le veut.

Dans tous les articles qui composent cette seconde Partie, notre intention a été de donner des notions utiles aux jeunes gens qui se livrent à l'horlogerie par goût, et aux personnes qui, pour leur satisfaction personnelle, veulent être initiées dans quelques parties de cet art. C'est ainsi qu'en parlant des chronomètres, nous avons montré que ces instruments, portés aujourd'hui à un très haut degré de précision, ne diffèrent des montres ordinaires à l'usage civil que par des modifications tendant à faire disparaître les principales causes d'anomalie qui affectent celles-ci.

Les jeunes horlogers feront bien de méditer sur les causes d'irrégularité des montres que nous leur avons signalées, et de saisir toutes les occasions qui se présenteront à eux, dans l'exercice de leur art, pour se rendre un compte exact de la somme d'erreurs qui résultent de la présence inévitable de ces causes d'irrégularité dans les montres. Ils apprendront ainsi à les réduire aux plus petites quantités possibles et, par conséquent, à obtenir les meilleurs résultats qu'on puisse espérer.

L'expérimentation raisonnée est, en horlogerie, la seule route qui conduise aux connaissances solides et positives, indispensables pour bien juger et bien exécuter les ouvrages de cet art.

- I -

Instruction sur la manière de poser et diriger les pendules[39] généralement employées dans l'usage civil.

Pour se servir avec avantage et agrément d'une pendule, il faut savoir la poser convenablement, la faire avancer ou retarder selon le besoin, mettre les aiguilles d'accord avec la sonnerie, etc., etc. Voici des notions sur ces diverses opérations.

Poser une pendule

Lorsqu'on veut poser une pendule sur une cheminée, il faut d'abord suspendre la pièce qu'on nomme vulgairement balancier, et dont le véritable nom, en horlogerie et dans les sciences, est le *pendule à la soie*[40], qui est disposé pour le recevoir.

On aura soin de faire entrer en même temps la partie de laiton du balancier dans la fourchette destinée à le recevoir et le mener. Alors, on

(39) Dans l'ouvrage de Ferdinand Berthoud, cette partie était trop incomplète. Nous avons cru devoir la refaire entièrement.

(40) La soie est le meilleur mode de suspension à employer dans les pendules à l'usage civil. S'il est vrai que ce mode ne soit pas aussi parfait que les lames élastiques en acier qui sont employées avec succès dans les pendules de précision, il n'est pas moins vrai qu'avec la suspension à soie, on peut parfaitement bien obtenir une très grande régularité, et bien au-delà des besoins qu'on éprouve dans les usages civils. Des artistes distingués, mais qui n'ont pas pris la peine d'étudier à fond la question, ont d'abord condamné la suspension à soie sans examiner que les irrégularités qu'ils lui reprochaient provenaient, ou d'autres causes, ou de ce que la suspension était mal faite, comme elles le sont généralement. Il nous serait facile de citer beaucoup de pendules avec des suspensions à soie et ne faisant pas plus d'une minute de différence d'une quinzaine, comparée à la quinzaine précédente, et sans que rien autorise à attribuer celle petite différence à l'emploi de la soie, bien au contraire. Nous traiterons cette question de principes dans un autre ouvrage.

incline la pendule d'un côté ou de l'autre, dans le sens des oscillations du balancier, puis en la mettant droite, avec un mouvement un peu précipité, le balancier oscille, et la pendule va, si elle est montée, et si rien ne s'oppose à sa marche. Dans les pendules où on peut toucher le balancier avec la main, on le met en mouvement d'un coup de doigt sans incliner la boîte.

Mettre la pendule d'échappement

Une pendule doit être parfaitement *d'échappement*, en termes d'horlogerie, ou *d'aplomb*, comme on le dit généralement dans le langage vulgaire.

Pour qu'une pendule soit dans cette condition indispensable à sa marche, il faut que les chutes de la roue d'échappement produisant le bruit qui se fait entendre aient lieu à des temps égaux. Si, au contraire, il s'écoulait plus de temps entre deux de ces chutes ou coups produits par l'échappement qu'entre les deux suivants, la pendule ne serait pas d'échappement ; il faudrait la pencher de l'un ou de l'autre côté. Quand on a trouvé la position dans laquelle ces battements sont égaux, on cale la pendule pour ne plus la déranger.

Mettre la sonnerie d'accord avec les aiguilles

Il peut arriver souvent qu'une pendule mécompte, c'est-à-dire qu'elle sonne une heure autre que celle indiquée par les aiguilles. Le remède consiste à amener l'aiguille qui marque les heures, sur le chiffre du cadran correspondant à l'heure sonnée, mais si la sonnerie vient à frapper les demies pendant que l'aiguille des minutes se trouve sur XII heures, et qu'ensuite elle sonne l'heure tandis que cette même aiguille est sur VI, on accordera l'un et l'autre en faisant arriver rapidement l'aiguille des minutes sur XII heures, pour que la sonnerie frappe un nombre quelconque d'heures.

Après cette opération, on fait avancer l'aiguille des heures jusque sur le chiffre de l'heure qui vient de sonner, et tout doit être rentré dans l'ordre.

Toucher aux aiguilles

Lorsqu'une pendule est disposée pour sonner d'elle-même les heures et les demies, comme elles le sont généralement, il ne faut jamais faire rétrograder les aiguilles, on risquerait de déranger les effets de la sonnerie. Pour mettre la pendule à l'heure, il faut l'arrêter si elle est en avance, ou faire faire le tour aux aiguilles.

Faire avancer ou retarder

Lorsqu'une pendule a été déplacée, et surtout lorsqu'elle a voyagé, après l'avoir posée et mise en marche, il est probable qu'elle avancera ou retardera sur le temps moyen car, lorsqu'elle aurait été parfaitement réglée, il est difficile que la soie reste dans un état d'immobilité parfaite sur le cylindre qu'elle enveloppe : elle peut devenir un peu plus courte ou un peu plus longue que précédemment, et faire ainsi avancer ou retarder la pendule. Il faut, par tâtonnement, la remettre à son point de longueur convenable, c'est alors que la pendule est réglée.

Quand une pendule retarde, on la fait avancer en raccourcissant le balancier ; pour produire cet effet, on examine si, dans le cadran de la pendule, au-dessus ou au-dessous du chiffre XII, il n'y a pas un petit trou à travers lequel passe un carré qu'on peut faire tourner en introduisant une clé pareille à celle d'une montre, et en tournant de gauche à droite pour faire avancer, et de droite à gauche pour faire retarder.

Si l'on ne voit pas ce petit carré vers le haut du cadran, on trouve derrière le mouvement, plus haut que le timbre, un bouton porté par un petit cylindre sur lequel s'enroule la soie. C'est en tournant ce bouton de gauche à droite pour faire avancer, ou de droite à gauche pour faire retarder, qu'on produit l'effet dont on a besoin.

Les pendules dont nous parlons ici sont celles dans lesquelles le balancier est suspendu par une soie. Quant à celles dans lesquelles il est suspendu par des lames d'acier minces, ou par un couteau, les dispositions en sont trop variées pour qu'on puisse donner des indications précises mais, lorsqu'on sait que, pour faire avancer la pendule, il faut rapprocher la lentille du point de suspension, et que pour faire retarder c'est l'inverse, un examen attentif de la pièce indique le moyen par lequel on peut produire l'un et l'autre effet.

Du ressort

Pour ne point casser le ressort d'une pendule en le montant, il faut avoir soin de ne pas forcer quand on sent un obstacle mais il ne faut pas non plus s'arrêter pour la faible et régulière résistance que la main éprouve pendant le montage du ressort pour l'enrouler entièrement, car dans ce cas la pendule ne serait pas montée complètement, et ne marcherait pas le temps nécessaire. Dans cette circonstance, comme dans beaucoup d'autres, l'expérience et l'intelligence de la personne qui opère l'instruiront beaucoup mieux que tout ce que nous pourrions dire.

Des Pendules qui ne marchent pas le temps nécessaire

Il arrive assez souvent qu'une pendule marche pendant trois ou quatre jours après avoir été montée, puis s'arrête et que, montée de nouveau, elle se remet à marcher pendant trois ou quatre jours, pour s'arrêter encore, et toujours ainsi.

Cet effet peut tenir à deux causes bien différentes, les voici :

1. - D'abord, cela peut arriver lorsqu'un ressort est cassé dans la partie la plus éloignée du centre, et que la pression exercée par les derniers tours du ressort contre la paroi intérieure du barillet offre une force assez grande pour remplacer pendant deux ou trois jours l'effet du crochet, et permettre aux tours intérieurs de travailler, comme si le ressort était accroché au-dehors ; mais dans ce cas la pendule ne peut marcher que très peu de temps, le ressort étant bientôt au bas.

2. - Lorsque le ressort n'a que juste la somme de force nécessaire pour faire marcher la pendule vers le bas de son développement pendant que les huiles sont fraîches, car plus tard les obstacles résultant de l'épaississement des huiles et des altérations qu'éprouve la machine viennent augmenter les résistances. Alors ce ressort a seulement la force nécessaire vers le haut, lorsqu'il vient d'être monté. Mais, dès qu'il est développé d'une plus ou moins grande quantité, il n'a plus assez de force et la pendule s'arrête.

3. - Enfin, quoiqu'un ressort soit assez fort, il arrive souvent des destructions dans les parties frottantes de l'échappement qui produisent cet effet.

Du ralentissement de la sonnerie

Un ralentissement notable dans la vitesse du rouage de sonnerie, et par suite des intervalles plus longs que de coutume entre les coups de marteau indiquent un épaississement des huiles mises aux pivots de ce rouage, ou des pivots trop gros ou trop longs. Dans ce cas comme dans ceux prévus par l'article précédent, il faut s'adresser à l'horloger et que celui-ci se rende un compte exact de ce qui est à faire et ne se borne pas simplement à nettoyer le mouvement car il ne remédierait aux défauts que pour un temps très court.

Des pendules dites œil-de-bœuf

Si la pendule doit être suspendue à un crochet contre le mur par un anneau fixé à la boîte, on fait osciller un peu la boîte pour mettre en mouvement le balancier, puis on écoute ; si on n'entend pas les battements égaux, on incline d'un côté et de l'autre jusqu'à ce qu'ils soient égaux ; alors on appuie la boîte contre le mur pour que les pointes de fer qui s'y trouvent entrent un peu dans ce mur et fixent la place de la pendule.

De la chaleur des cheminées

Les pendules sont souvent placées sur des cheminées, dont la tablette est portée à une température si élevée qu'on ne peut y tenir la main ; outre les variations qu'une telle chaleur apporte dans la marche de tout le mécanisme, il en résulte que les huiles, dont les parties frottantes sont revêtues, s'épaississent, se sèchent et que la destruction arrive promptement : il faut l'éviter.

Des pendules qui marchent pendant de longues années

Les horlogers entendent journellement des personnes citer leur pendule comme une merveille parce que, disent-elles, elle a marché pendant dix, quinze ou vingt ans sans être nettoyée, le plus ordinairement on a oublié les réparations qui ont été faites dans cet intervalle de temps, ou bien on l'oublie volontairement. On voit presque toujours ces prétendues merveilles être au-dessous du médiocre. Les horlogers expérimentés ne peuvent pas être dupes de ces petits contes, et feignent le plus souvent de les croire pour ne pas contrarier les personnes qui viennent s'adresser à eux.

Cependant, il peut arriver et il arrive quelquefois qu'une pendule dans laquelle il y a une grande surabondance de force, marche en effet pendant un grand nombre d'années. Mais jamais une telle marche n'est bien régulière, et dans tous les cas cela ne prouve rien autre chose qu'un grand excès de force motrice, qui est toujours dangereux.

Régler une pendule d'après un cadran solaire

Pour régler une pendule d'après un cadran solaire, il faut se souvenir que le soleil tantôt avance et tantôt retarde à des époques fixes de l'année, ainsi il serait donc impossible de régler une pendule dont le mouvement doit être uniforme si on ne tenait compte de la différence qui existe dans la marche du soleil. On nomme temps vrai celui qui est marqué par le soleil, et temps moyen celui uniforme qui doit être marqué par les pendules. La différence du temps vrai au temps moyen se nomme équation du temps ; elle est indiquée sur l'étui de nos montres solaires qui servent à régler les montres et les pendules. Nous avons fait imprimer à part de ces tables d'équation que nous donnons volontiers ; il s'en trouve une à la fin de ce volume.

De la suspension à soie

Nous avons dit souvent que le principal défaut de la suspension à soie était, non pas dans son principe, mais dans son exécution. La disposition usitée généralement ne permet pas de faire cette suspension dans le principe rigoureux qui lui convient ; aussi, pour nous rapprocher de l'exactitude mathématique, des conditions dans lesquelles doit être cette suspension, nous avons imaginé, et nous avons introduit dans nos pendules une disposition particulière que nous allons décrire, et cela pour mieux la faire comprendre, car il nous est souvent revenu des mouvements de nos pendules qui avaient passé entre les mains d'horlogers qui, n'ayant pas compris le principe de notre suspension, l'avaient trouvé très mal et, pour la corriger, l'avaient complètement détériorée.

Description de la suspension à soie de Henri Robert

Le premier principe d'une suspension est la coïncidence des centres de rotation de la pièce d'échappement et du pendule ; lorsque cette condition n'est pas remplie, il se fait un frottement entre la fourchette et le pendule au point de contact, et ce frottement est d'autant plus grand que les deux centres sont plus éloignés l'un de l'autre.

Dans les suspensions ordinaires des pendules du commerce, représentées fig. 24, le centre du mouvement du pendule se trouve dans l'intérieur du cylindre C, puisque la soie passe librement dans les deux trous, et ce cylindre étant ordinairement placé beaucoup plus haut que le point A où se trouve le pivot, il en résulte le défaut que nous venons de signaler.

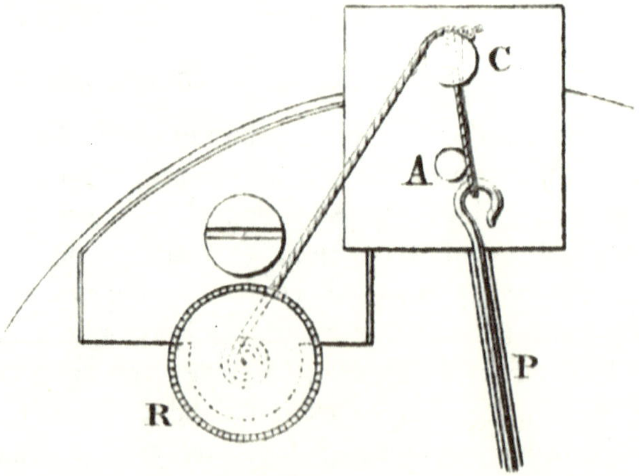

Fig. - 24.

Les mêmes lettres répondant aux mêmes pièces dans la fig. 25, qui représente la suspension vue en élévation, on peut juger que A étant la tige d'ancre, et le centre de rotation du pendule se trouvant dans l'intérieur du cylindre C, ces deux centres ne coïncident point.

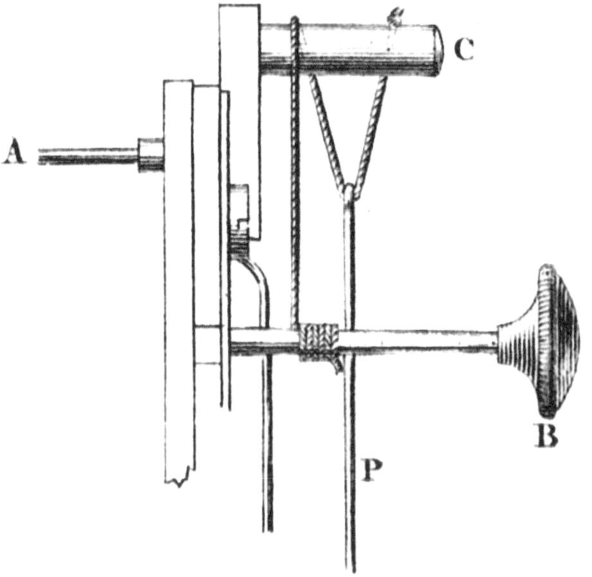

Fig. - 25.

Souvent même dans des pendules, ce défaut est bien plus grand que dans les proportions représentées par les fig. 24 et 25.

Pour remédier à ces inconvénients, nous employons depuis six ans la construction représentée par les fig. 26 et 27. Au lieu de placer le cylindre nommé, dans l'horlogerie pratique, *porte-soie*, au-dessus du pivot de tige d'ancre, nous le plaçons en *e*, un peu au-dessous d'une ligne horizontale *a b* (fig. 28), passant par le centre du pivot *p*.

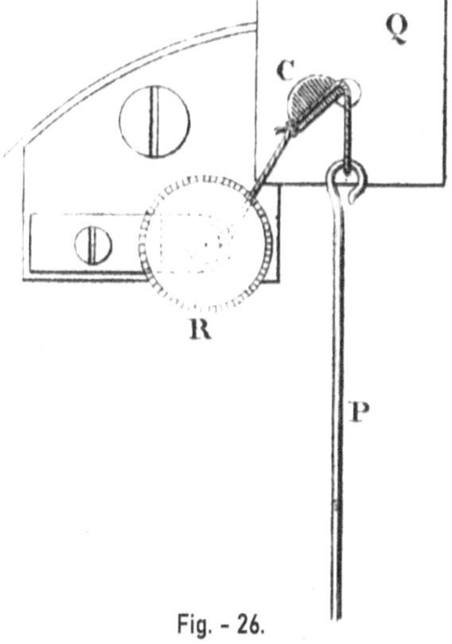

Fig. - 26.

Si de ce point *e* comme centre et d'un rayon *e p* on trace un cercle tangent à la circonférence du pivot de tige d'ancre, et que du centre *p* on mène la ligne *p l*, l'arête du cylindre, dont la base est représentée

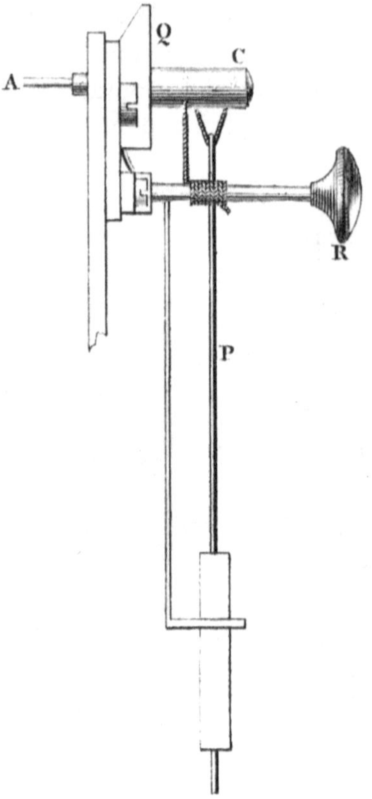

Fig. - 27.

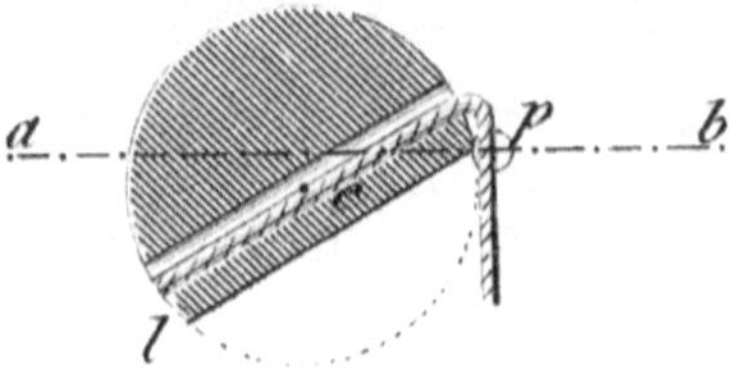

Fig. - 28.

par la figure, sera parfaitement dans le prolongement de l'axe de la tige d'ancre, moins le demi-diamètre du pivot remplacé par le demi-diamètre de la soie ; la tige d'ancre étant supposée perpendiculaire aux platines qui forment la cage du mouvement, et la tête du coq Q étant elle-même parallèle aux platines.

Dans nos suspensions représentées fig. 26 et 27, nous montons l'avance et le retard sur le coq ; cette manière procure l'avantage de pouvoir enlever le coq et le remettre en place sans changer la longueur de la soie. Nos suspensions, en définitive, sont donc rigoureusement conformes aux principes, tandis que celles du commerce en sont en réalité fort éloignées.

- II -

Du choix des pendules et du degré de précision qu'on doit en attendre

Les pendules sur les dispositions ordinaires adoptées aujourd'hui généralement, lorsqu'elles sont convenablement exécutées, gardent aussi bien le temps qu'il est nécessaire pour les usages de la vie, il est facile à un habile horloger d'assurer la marche d'une pendule de telle manière que son mouvement diurne n'excède pas six ou huit secondes, ce qui donne une moyenne de moins d'une minute de différence après une semaine.

On peut arriver à plus de précision mais ce degré étant plus que suffisant pour les usages civils, il n'est pas nécessaire de porter la précision plus loin.

Il ne suffit pas qu'une pendule marche d'une manière satisfaisante, pour qu'on puisse en conclure que réellement elle soit bonne, car il pourrait arriver, et quelquefois il arrive, en effet, que ces mauvaises pendules, dont il se fait chaque jour des milliers à Paris, ont une marche passable.

Mais l'époque à laquelle leur vice de construction se signale, est lorsqu'elles ont besoin de réparation.

Alors il en est de ces machines comme de ces anciennes maisons mal construites : lorsqu'on veut les réparer d'un côté, elles tombent de l'autre.

Pour les pendules, il n'est pas possible d'établir une classification comme pour les montres, qui portent chacune, par suite de la nature de leur échappement, un caractère distinctif et peu varié. Nous nous bornerons à présenter ici les avantages et les inconvénients de quelques-uns des éléments variables(41) des mouvements de pendule, afin de mettre en garde contre quelques dispositions seulement faites ou pour en imposer aux personnes qui iront aucune connaissance en horlogerie, ou par des artistes consciencieux qui, entraînés par leur enthousiasme pour certaines dispositions, n'ont pas vu les choses dans leur véritable jour.

De l'échappement

Les échappements de nos pendules modernes varient peu pour la forme et peu pour les résultats, en ce sens qu'avec les uns et les autres, on peut obtenir des résultats très satisfaisants pour les pendules à l'usage civil.

Les échappements les plus anciens sont ceux *à recul* ; ils sont généralement employés dans les ouvrages les plus inférieurs, parce qu'ils sont payés moins cher aux ouvriers qui les font. Aujourd'hui l'échappement à recul doit être considéré comme une indication qu'on a cherché l'économie de la dépense dans l'établissement de la pendule, plus que la bonne qualité de l'ouvrage.

L'échappement, que quelques-uns nomment *isochrone* et d'autres à *demi-repos*, parce qu'il est à repos d'un côté de l'ancre et à recul de l'autre, lorsqu'il est bien compris et bien exécuté, jouit d'une propriété remarquable et qui conduit à une grande régularité ; son recul modéré permet d'approcher de l'isochronisme des oscillations(42) en mettant une lentille de poids convenable. Avec cet échappement bien entendu, on peut arriver à des résultats tellement précis, que nous n'osons pas les énoncer, crainte d'être taxé d'exagération.

Des ancres en toit

Quelque mauvaise que soit cette dénomination d'*ancres en toit*, elle est consacrée par l'usage de la fabrique de Paris, nous l'emploierons. Ces ancres ne diffèrent de ceux des échappements dont nous venons de parler qu'en ce qu'ils ont les bras de levier beaucoup plus longs qu'on ne les fait dans les deux précédents. Du reste, ils peuvent être à recul, à demi-repos ou à repos. Ils ressemblent assez à un Λ renversé.

(41) Nous disons variables, parce qu'il est des parties qui sont toujours les mêmes pour la forme et qui ne diffèrent que par le plus ou le moins de perfection du travail.

(42) Dans les pendules à l'usage civil, on peut se permettre d'approcher de l'isochronisme par le recul mais non pas dans l'horlogerie de précision.

On les emploie généralement dans les pendules à colonnes, parce que ce genre de boîte exige des arcs d'oscillation plus petits que dans les modèles à figure, où le balancier est caché. Cette longueur du levier est un obstacle à la parfaite régularité, ainsi que nous l'avons démontré dans un Mémoire sur notre échappement cylindrique à repos parfait.

Dans les pendules à colonnes, le balancier étant lourd, cet échappement a une marche assez bonne, mais il faut bien se garder de l'employer avec des balanciers légers. Les changements d'état de la force motrice auraient beaucoup trop d'empire et amèneraient de fréquentes anomalies.

Cet échappement, ainsi que celui de Graham, employé dans les pendules à demi-secondes du commerce, a le grave défaut de nécessiter des leviers trop longs, comparativement à la longueur qu'on peut donner aux pendules.

En résumé, quel que soit l'échappement employé dans une pendule de commerce à l'usage civil, s'il est bien fait dans les principes qui lui sont propres, si l'exécution est fidèle, si le poids du balancier est en rapport avec les besoins de la pièce, il ne peut donner lieu qu'à de faibles différences dont on n'a point à tenir compte pour les besoins des usages civils.

De la Suspension

Il existe trois manières de suspendre le balancier d'une pendule d'ameublement à placer sur une cheminée : la *suspension en soie*, qui est la plus ancienne, celle *à couteau* et celle *à ressort*. Nous allons les examiner successivement sous le rapport des avantages, et des inconvénients que chacune présente.

De la suspension en soie

Cette suspension est la plus simple, mais elle ne peut être employée que pour un balancier dont le poids n'excède pas 100 grammes environ ; lorsqu'il excède ce poids, il faut recourir à l'un des deux autres systèmes.

Dans les pendules de précision qui permettent et même exigent un lourd pendule, on ne peut pas employer la soie comme moyen de suspension ; la suspension à ressort est la seule convenable. Beaucoup de personnes en ont conclu que puisque la soie avait en elle-même des imperfections qui la rendaient impropre à l'usage des pendules de précision, c'était introduire dans les pendules ordinaires, à l'usage civil, un élément de précision que d'y substituer le ressort à la soie.

C'est là une de ces erreurs dans lesquelles on tombe nécessairement quand on n'étudie pas les choses à fond et ces erreurs portant un grand préjudice aux progrès de l'art, nous ne saurions jamais assez les combattre.

La réunion complète de tous les éléments de régularité peut seule conduire à la perfection.

C'est un fait bien reconnu par tous les artistes et, en effet, qu'on prenne pour exemple une pendule à secondes, dans laquelle il faut l'accomplissement des conditions suivantes, indépendamment de la bonne disposition et de la parfaite exécution de la machine :

1. force motrice constante ;
2. correction exacte des effets de la température ;
3. puissance suffisante du régulateur ;
4. immobilité parfaite des points d'attache de toute la machine ;
5. inaltérabilité de tous ses organes, etc.

Que l'une quelconque de ces conditions manque son effet, et la marche de la pièce en sera affectée. À quoi donc servirait-il d'introduire, dans une de ces pendules à secondes, la plus grande partie de ces éléments de régularité, si l'absence d'un seul faisait manquer le but qu'on veut atteindre.

Les partisans de ces perfectionnements inutiles disent : *Mais c'est toujours approcher plus près du but que de remplacer une chose moins parfaite par une chose plus parfaite.* Nous répondrons : Non, parce que le petit degré de précision que vous pouvez obtenir de plus, par de tels moyens ne laisse aucune trace sensible de ses avantages, et atteste sa présence par ses inconvénients.

La suspension à ressort est fragile, difficile à remplacer en province ; en cas d'accident, elle est très impressionnable aux moindres changements d'aplomb de la pendule ; la plus petite épaisseur, celle d'une feuille de papier très mince, mise sous l'un des pieds de la pendule pour la faire pencher un peu d'un côté ou de l'autre, suffit pour changer d'une manière très notable la marche, par le plus ou le moins de tension que le ressort de suspension éprouve.

La suspension en soie est généralement mal faite ; les ouvriers qui l'exécutent ne comprennent pas assez l'importance d'avoir l'axe de rotation du pendule dans le prolongement de l'axe de la pièce d'échappement ; aussi, les reproches qu'on fait à ce système de suspension doivent plutôt porter sur sa mauvaise exécution que sur son principe.

Tout horloger, connaissant bien la pendule, peut obtenir facilement d'une pendule, avec une suspension en soie, une régularité telle que les différences, après quinze jours de marche, ne s'élèvent pas à deux minutes ; ce degré de régularité est plus que suffisant pour les usages civils.

De la suspension à couteau et de celle à ressort

Ferd. Berthoud a tellement préconisé la suspension à couteau, dans son Essai sur l'horlogerie que, sur la confiance qu'il inspirait, tous les artistes ont commencé par employer ce système avant d'avoir étudié la question. S'il est quelques suspensions à couteau qui soient restées dans un état assez parfait de conservation pour que la pendule ait une bonne marche, il faut convenir qu'elles sont très rares.

Les erreurs professées par un homme célèbre ont une influence bien funeste (aussi nous n'hésiterons jamais à les combattre), en voici un exemple : quelques années après que F. Berthoud eut préconisé outre mesure et à tort la suspension à couteau, il reconnut son erreur et la signala dans ses écrits postérieurs ; mais beaucoup d'horlogers, qui n'avaient lu et compris que la moitié de ce que F. Berthoud avait dit, lorsqu'il démontrait cette même erreur, et qui n'avaient qu'effleuré la matière, s'appuyèrent sur ses premiers écrits pour justifier l'emploi de la suspension à couteau, et ne se donnèrent pas la peine de lire les autres[43].

Aujourd'hui, les artistes qui se livrent à l'horlogerie de précision sont généralement d'accord pour adopter la suspension à ressort au lieu de celle à couteau, dans les machines qui, réunissant tous les éléments de régularité, doivent donner des résultats hors de ceux nécessaires à l'usage civil, par exemple une précision de 1" de temps pour des pièces à court pendule, telles que celles propres à être placées sur des cheminées ou de quelques dixièmes de seconde pour des pendules à secondes.

De la solidité des supports du mouvement

La solidité des supports du mouvement est une condition essentielle d'une bonne marche, surtout lorsque le pendule est lourd, les arcs d'oscillation petits et la suspension à ressort. On ne saurait apporter

(43) Le principal défaut de la suspension à couteau est de se détériorer promptement.

trop de soin à fixer solidement le mouvement à son support, et par suite à donner à ce support une masse qui assure sa stabilité parfaite[44].

De la longueur du pendule

Le pendule, vulgairement nommé balancier, est un régulateur d'autant meilleur qu'il est plus long, toutes choses égales, d'ailleurs, et comme dans les pendules à l'usage civil, on réduit assez généralement les proportions de l'échappement aux plus petites dimensions, quelle que soit, du reste, la longueur du pendule, on peut considérer le pendule le plus long comme étant le meilleur régulateur. Si on tient à avoir une pendule très exacte, on doit rejeter ces modèles mal disposés et mal raisonnés dans lesquels le mouvement est tellement enfermé qu'il n'y a pas la place nécessaire pour mettre un pendule suffisamment long. Lorsqu'un pendule ne présente pas une longueur de 0,16 m au moins, on ne doit pas attendre de la pendule une marche satisfaisante, et pour qu'elle donne les meilleurs résultats, il faut que cette longueur soit de 0,20 m ou 0,25 m.

Des socles[45]

Les socles en bois sur lesquels on pose ordinairement les pendules sont peu propres à assurer la régularité. Les tablettes des cheminées étant souvent très chaudes, le bois travaille dans des sens différents, et donne au mouvement de la pendule des inclinaisons différentes qui affectent nécessairement sa marche.

Les meilleurs socles qu'on pourrait faire seraient en marbre, mais le surcroît de dépense que cela occasionnerait ne laisse pas espérer qu'à une époque comme celle-ci, à laquelle le public veut tout à des prix excessivement bas, on puisse introduire cette heureuse amélioration dans nos pendules généralement répandues.

De la fermeture des mouvements et des cages de verre

Une condition essentielle pour la conservation du mouvement d'une pendule est qu'il soit parfaitement à l'abri de la poussière. La mode actuelle, qui n'admet plus les cages de verre pour les couvrir,

(44) On a vu quelquefois, à des expositions des produits de l'industrie, des pendules dont le mouvement présentait une masse énorme, et qui pourtant étaient posées sur des petites colonnes bien faibles en bois, tandis que, dans les Observatoires, les pendules sont montées sur des massifs en pierre construits exprès. Quelle différence de principes !

(45) On nomme socle de pendule un plateau ordinairement fait en bois sur lequel est pratiquée une rainure qui reçoit la cage de verre qui couvre la pendule.

conduit les pendules à une destruction beaucoup plus prompte que si elles étaient munies de ce préservatif.

À défaut de ces cages de verre, dont l'effet est si utile à la conservation des mouvements, on doit apporter toute l'attention possible à ce que le mouvement soit aussi bien garanti que le modèle de pendule le permet.

Des pendules à quantième et autres fantaisies

Souvent on présente aux acheteurs, comme des merveilles, des pendules compliquées et portant une foule d'indications, sous des formes plus ou moins bien disposées. Cependant, il est important qu'on veuille bien toujours se rappeler que rien n'est plus facile que de produire de tels effets, et que ce n'est là une difficulté et un mérite que pour ceux qui n'en connaissent pas d'autres en horlogerie. Il est rare que les fonctions des éléments mécaniques, produisant tous ces effets, se fassent bien. Et lorsqu'une telle pendule sort des mains d'un artiste habile, capable de la bien comprendre et de la bien exécuter, il est plus rare encore que ceux entre les mains desquels elle passe ne la détériorent pas. Si l'on veut une pendule de ce genre et en être sûr, on ne doit s'adresser qu'à l'un de ces artistes capables, et se garder surtout de faire une telle emplette dans une vente publique on à une tout autre source ne présentant pas une garantie suffisante.

- III -

Du choix d'une montre, considérée sous le rapport de l'échappement, du nombre des trous en pierres, des compensateurs, des parachutes, etc.

Avant d'aborder cette matière, il faut expliquer quelle est la partie d'une montre qu'on nomme échappement, puisqu'une partie de ce qui sera développé porte sur ce mécanisme.

On nomme échappement la fonction qui s'accomplit entre la dernière roue et une pièce fixée sur l'axe du balancier, et faisant corps avec lui. Cette fonction a pour objet de dégager le rouage qui vient alors agir sur le balancier, et lui restituer à chaque vibration la force qu'il a perdue ; ce nom, donné d'abord à la fonction, est employé aujourd'hui à désigner les pièces qui la produisent, ou ajoute ensuite une dénomination particulière pour désigner les divers systèmes d'échappement ; ainsi il y a l'échappement à verge, celui à cylindre, etc.

De l'échappement à verge

Cet échappement est le plus ancien de tous, il est d'une exécution assez facile et très peu dispendieux ; aussi toutes les montres communes ont des échappements à verge.

Il a l'avantage de,marcher sans huile, et avec une telle facilité que, bien ou mal fait, il va presque toujours, seulement il va plus ou moins bien. C'est par ces raisons que dans l'horlogerie commune, il sera longtemps employé. Mais il est tellement impressionnable aux changements dans l'intensité de la force motrice, qu'il ne peut donner une grande régularité. Il exige dans la montre un mécanisme particulier et embarrassant qu'on nomme *fusée*, et par suite l'emploi d'une chaîne sujette à se casser. C'est une source d'accidents.

Pour que cet échappement soit dans les meilleures conditions possibles, il faut que la montre ait de la hauteur ; ainsi, quand on voudra faire choix d'une montre avec un échappement à verge, il faut bien se garder de prendre de ce genre de montres d'une forme petite et très plate, mais au contraire choisir tout ce qu'il y a de plus gros selon la destination de la montre.

Des montres à cylindre

Les montres qui ont un échappement à cylindre sont celles qu'on doit aujourd'hui préférer pour l'usage général. Elles peuvent être plus plates que les montres à verge, et cependant avoir une marche incomparablement supérieure, elles n'ont pas besoin d'une chaîne, c'est donc un embarras et une cause d'accidents de moins. Le degré de régularité qu'elles offrent est plus que suffisant pour les usages civils, car on les voit souvent ne pas faire plus d'une ou de deux minutes de différence par semaine, et même beaucoup moins.

L'horloger, sachant que les montres à cylindre sont susceptibles de prendre du retard qui résulte de l'épaississement des huiles, a le soin de laisser toute la ressource pour les faire avancer, selon le besoin que le temps doit amener.

Dans l'origine, l'échappement à cylindre avait paru très difficile à exécuter, parce qu'on n'avait alors, pour le faire, aucun moyen mécanique ; mais, aujourd'hui, il est devenu d'une exécution bien facile, et il a surtout ce grand avantage que, lors même il ne serait pas rigoureusement dans les principes admis par les meilleurs horlogers[46], il pourrait assez bien marcher.

Les échappements Duplex, et autres dont nous allons parler, ne sont pas dans ce cas s'ils ne sont pas rigoureusement dans les conditions voulues ; ils perdent toutes leurs belles propriétés, alors ils valent à peine un bon échappement à cylindre. C'est par ces raisons, et parce que d'ailleurs les montres à cylindre, tout en pouvant donner une grande précision, coûtant moins et sont plus faciles à réparer en cas d'accidents, que nous conseillons toujours de leur donner la préférence pour l'usage civil.

(46) Tous ne sont pas d'accord sur quelques points capitaux sur lesquels on croirait qu'il ne doit pas y avoir divergence d'opinions.

Des montres avec échappement Duplex

Quelques horlogers pensent que le nom de *Duplex* vient de ce que cet échappement serait de l'invention d'un horloger anglais nommé Duplex. Nous ne pouvons partager cette opinion ; il est bien possible qu'il ait existé un horloger anglais nommé Duplex, que cet horloger ait beaucoup pratiqué cet échappement mais ce qui est certain, c'est que la première idée de cet échappement est de Jean-Baptiste Dutertre, horloger de Paris très réputé dans son temps, que dans le principe on employait deux roues superposées sur le même axe, ce qui a dû conduire au nom de Duplex, qui signifie double.

En même temps que nous revendiquons pour la France l'honneur de cette invention, nous devons dire que l'échappement à cylindre, si justement apprécié en France, est dû à Georges Graham, célèbre horloger anglais. Par une de ces bizarreries du goût des nations, l'échappement Duplex, d'origine française, est presque autant employé en Angleterre que l'échappement à cylindre l'est en France.

Avec l'échappement Duplex, le balancier a un pouvoir réglant plus grand qu'avec celui à cylindre, parce que :

1. - La circonférence sur laquelle la roue fait repos est d'un rayon beaucoup plus petit que dans l'échappement à cylindre ; par suite, la résistance qu'oppose la roue est beaucoup moindre et les vibrations du balancier augmentent en raison de la diminution de cette résistance.

2. - L'impulsion de la roue étant donnée sur un rayon beaucoup plus grand que celui par lequel elle a lieu dans l'échappement à cylindre, la force donnée au balancier est encore plus grande ; les arcs qu'il décrit doivent être plus étendus, et comme la puissance réglante d'un balancier est en raison de sa masse multipliée par sa vitesse[47], le balancier de l'échappement Duplex est un régulateur plus puissant que celui appliqué à l'échappement à cylindre, toutes choses égales, d'ailleurs.

Mais l'échappement Duplex ne peut être construit que sur un axe de balancier très fragile et très difficile à remplacer. Son exécution ne souffre pas la moindre médiocrité, ou bien il s'use assez promptement, fait des écarts considérables et s'arrête au doigt ; sa roue est plus lourde et plus paresseuse à se mettre en marche que celle de l'échappement à cylindre. Le repos ne pouvant pas se faire à la tangente, il y a une

(47) Quelques auteurs ont dit par le carré de sa vitesse.

grande décomposition de force, qui est un obstacle à toute l'étendue de la vibration.

Il est beaucoup moins d'ouvriers capables de le faire bien marcher que l'échappement à cylindre ; il est plus dispendieux et enfin, s'il est vrai qu'il peut donner une plus grande précision lorsqu'il se conserve bien, il faut aussi convenir qu'on voit un très grand nombre de ces échappements détruits et marchant très mal par suite de ces destructions.

C'est par ces motifs que nous avons engagé à donner la préférence aux montres à cylindre pour l'usage civil. Nous reviendrons sur cet échappement quand nous aurons parlé de l'échappement libre à détente.

Des montres avec échappement à ancre

Breguet employait très fréquemment l'échappement nommé à ancre ; il l'avait bien disposé, tout en lui donnant cette grâce particulière qu'il apportait dans les pièces de sa composition.

Cet échappement exige très peu de hauteur. Sous ce rapport, il convenait parfaitement à ces montres extrêmement plates de Breguet mais aussi, il ne souffre pas la moindre médiocrité ; il ne doit être exécuté que par une main qui en comprenne parfaitement toutes les fonctions, et il faut convenir qu'il y a très peu d'artistes capables de bien l'exécuter, et de l'établir dans les meilleures conditions, pour la marche de la montre.

Cependant, un très grand nombre d'ouvriers de fabrique se sont mis à le faire, et les fabricants, cherchant toujours à augmenter leur bénéfice, l'introduisent beaucoup dans les montres auxquelles ils veulent donner du prix. Dans les fabriques d'horlogerie on s'occupe, exclusivement, du travail ; les études théoriques paraissent en être exclues, et rien n'est plus rare que de rencontrer un horloger parmi des milliers d'hommes qui travaillent à l'horlogerie.

Aussi, les échappements de ce genre qui sortent des grands centres de fabrication (Genève et le canton de Neufchâtel, en Suisse) brillent par un beau poli, mais rarement ils se trouvent dans les principes qu'ils devraient avoir ; il semblerait souvent, au contraire, qu'on a pris à tâche de faire mal, d'y introduire des défauts pour le seul plaisir de faire du mauvais et de leur donner du brillant, ainsi des ancres lourds inutilement, au lieu de leur donner le mérite de la plus grande légèreté ; des roues d'échappement en acier trempé qui ne valent pas, à beaucoup près, des roues en laiton bien forgé ; des chutes quatre fois plus grandes qu'il n'est nécessaire, etc.

Les horlogers qui n'ont fait aucune étude en horlogerie de précision devraient s'abstenir d'exécuter ou de faire exécuter des échappements qu'ils ne comprennent pas, et s'en tenir à ceux qui peuvent s'exécuter machinalement dans les fabriques et, sous ce rapport, l'échappement à cylindre convient admirablement à ces grands centres de fabrication parce qu'il peut s'exécuter presque entièrement par les outils et la routine acquise.

Des montres avec échappement libre à détente, dites chronomètres de poche

L'échappement qui permet d'obtenir la plus parfaite régularité d'une montre est celui qu'on nomme échappement libre à détente (à ressort ou sur pivots). Cet échappement est le seul employé dans les montres marines et les vrais chronomètres de poche[48]. Ainsi, si on veut la montre la plus parfaite possible, c'est là l'échappement qu'il faut employer.

Mais qu'on se garde bien de penser que, par cela seul que cet échappement sera employé dans une montre, on aura une excellente montre ; cet échappement ne peut pas faire à lui seul toute la régularité de la montre. Si les auxiliaires naturels de la régularité ne sont pas ce qu'ils doivent être, la montre n'aura pas une marche satisfaisante. Ainsi, sans un bon moteur, sans un rouage dans les conditions prescrites pour les bons engrenages, sans un spiral isochrone, sans un balancier compensateur dont les fonctions soient parfaitement sûres, sans de bonnes proportions dans toutes les parties de la machine, sans une fidélité parfaite dans l'exécution, sans un réglage fait par une main habile, etc., point de marche régulière.

Il en est de cet échappement comme des échappements à ancre, de tels mécanismes ne sont pas et ne doivent pas être dans le domaine des ouvriers de fabrique ; ils appartiennent exclusivement à un petit nombre d'artistes voués par goût et par de longues études à l'horlogerie de précision.

La précision qu'on peut obtenir d'une telle montre n'est pas nécessaire dans les usages de la vie ordinaire car, exécutée dans toutes les conditions voulues, elle peut très bien conserver le temps à deux

(48) Nous disons vrais chronomètres parce qu'on présente au public, sous ce nom, des montres qui valent souvent moins qu'une bonne montre à cylindre de 200 fr.

ou trois secondes près en huit jours, si elle est entre les mains d'une personne qui sache en avoir le soin que ces machines exigent.

Les montres de ce genre sont très répandues en Angleterre, mais peu en France, et cela par deux raisons : d'abord elles sont plus volumineuses que celles généralement usitées, elles sont beaucoup plus chères, et comme leur usage principal se trouve dans la marine, et que nous sommes moins navigateurs que les Anglais, elles ont pris moins de faveurs chez nous.

Leur prix excessif en France tient au peu d'usage qu'on en fait et au très petit nombre d'artistes qui s'en occupent. Cependant les amateurs d'horlogerie supérieure apprendront avec plaisir que déjà les prix de ces objets diminuent, que le nombre des artistes capables de les exécuter augmente, et que sûrement on pourra bientôt avoir ces précieux instruments avec peu de dépenses.

Mais, en attendant, il est bon qu'on soit averti que nos voisins d'outre-mer exploitent la confiance aveugle de beaucoup de Français, et leur soutirent chaque année des sommes considérables en échange de la plus mauvaise horlogerie qu'il soit possible de faire, voici comment :

Sous les formes extérieures de leurs bons chronomètres de poche, ils fabriquent à la grosse des pièces on ne peut plus communes et plus mauvaises, et portant toujours des noms justement réputés à Londres. Ces montres sont expédiées dans les ports étrangers, et les nôtres en sont couverts ; elles y sont offertes comme étant d'occasion et toujours vendues à des prix bas en comparaison de celui qu'elles vaudraient, si elles sortaient des mains de l'artiste dont elles portent le nom, mais excessif comparativement à celui qu'elles ont coûté. D'après les données que nous avons acquises, il est établi en Angleterre de ces pièces au prix de 100 francs ; elles sont vendues 4 et 500 francs dans nos ports ; elles sont hors d'état de rendre un service équivalent à une bonne montre à cylindre, parce qu'elles ne contiennent ni les conditions de durée, ni celles de régularité qu'on doit attendre de l'horlogerie de précision.

Que des brocanteurs se livrent à de tels trafics dans les ports de mer, cela se conçoit, mais que des horlogers aient assez de mauvaise foi pour exploiter cette industrie coupable, ou connaissent assez peu leur art pour ne pas distinguer la bonne pièce de la mauvaise, et trompent ainsi par ignorance ou par cupidité les personnes qui les honorent de leur confiance, voilà ce qui ne devrait pas être.

L'observateur, qui veut une bonne montre de précision, c'est-à-dire un bon chronomètre, doit bien se garder de se laisser séduire par ces apparences d'occasion, et de tomber dans le piège tendu par nos voisins. S'il ne veut pas être trompé, il doit s'adresser à un homme sûr, sous le double rapport de la capacité et de la moralité, et qui réponde de ce qu'il vend.

En parlant des montres avec échappement Duplex, nous avons dit que nous reviendrions sur cette matière, après avoir parlé de l'échappement libre à détente ; c'est pour montrer plus évidemment que l'échappement Duplex ne doit point être employé ; que, si on ne veut qu'une bonne montre à l'usage civil, il est préférable de faire choix d'une bonne montre à cylindre ; que, si on veut la plus grande précision, il faut aller droit au fait, et prendre un chronomètre de poche.

L'échappement libre à détente a une grande similitude avec le Duplex, seulement tous les défauts de celui-ci disparaissent dans l'échappement libre. Ainsi il n'y a pas de repos de la roue contre l'axe de balancier, ce repos se fait sur la détente qui en est isolée ; le balancier achève sa vibration librement dès qu'il a dégagé le rouage et reçu l'impulsion. L'axe de balancier peut être très solide, la roue d'échappement peut être beaucoup plus légère, elle est beaucoup plus simple. Tout bien compté, il n'y a pas deux journées d'ouvrage de plus à faire un bon échappement libre à détente à ressort qu'à faire un Duplex, et ce dernier vaut infiniment moins.

De plus, nous avons démontré plus loin, en parlant des montres à cylindre, que le balancier-compensateur était complètement inutile dans ces montres ; il en est de même de celles avec échappement Duplex[49] ; il est impossible d'y produire une compensation exacte et constante ; seulement on pourrait, il est vrai, diminuer une petite partie de l'erreur qui résulte des changements de température ce qui, en définitive, ne serait aucunement appréciable dans les usages civils.

Ainsi, les montres à Duplex, présentées comme moyen terme entre la montre à cylindre et le chronomètre, ne sont pas aussi simples, ni aussi sûres et ni aussi solides pour l'usage civil que les montres à cylindre, et elles n'approchent pas assez du degré de précision des chronomètres pour rivaliser avec eux.

Du mécanisme de répétition

Le mécanisme qu'on nomme *répétition*, et à l'aide duquel l'heure est sonnée, lorsqu'on pousse un bouton, est un accessoire qui peut se combiner avec les différents genres de montres que nous avons classées et dénommées, d'après l'échappement qu'elles ont. Mais le mécanisme nécessaire pour la répétition, composée de deux parties bien distinctes,

(49) Voir chapitre VII, sur les montres à cylindre.

le rouage et la cadrature, étant très compliqué, il n'est pas possible de faire une bonne répétition à vil prix, et toutes celles de ce genre sont infailliblement mauvaises. On ne doit pas non plus admettre la répétition dans une montre très petite, parce que tout l'espace occupé par le mécanisme de la répétition est en partie pris aux dépens du mouvement. Les ressorts-timbres occupent beaucoup d'espace dans la boîte. Et les mobiles qui composent le mouvement sont alors resserrés dans un plus petit espace que dans une montre simple du même diamètre extérieur.

Une montre d'homme simple, dont le diamètre est de 4 centimètres, a ses mobiles aussi forts et aussi grands qu'une montre à répétition qui aurait 4,5 cm, et une montre à répétition de col, pour dame, ayant 3, 4 cm, n'a guère plus de force et de puissance dans ses mobiles que n'en aurait une montre de 3 cm. Nous insistons sur ce point, et nous répétons ici que, quand on veut une bonne montre, il faut la choisir dans les dimensions que nous avons données en parlant des montres à cylindre. (Voir plus loin le chapitre sur les montres à cylindre.)

En résumé : trois genres de montres, sous le rapport de l'échappement, nous paraissent seuls devoir fixer l'attention de l'acheteur, selon ses besoins et l'usage qu'il veut en faire.

1. - La montre à verge, quand on ne veut pas excéder une dépense de 40 ou 50 fr. environ, pour une bonne et forte montre en argent, ou 140 fr. environ si elle doit être en or ; dans ces montres, plus on admettra un grand diamètre, et surtout de l'épaisseur, et plus on aura de chances de solidité, durée et régularité.

2. - La montre à cylindre, si l'on veut bien excéder 100 fr. pour une bonne montre en argent, ou mettre en plus la valeur d'une boîte en or. Une telle montre, bien établie, peut donner d'excellents résultats, ne laissant rien à désirer pour les usages ordinaires de la vie.

3. - Enfin, un chronomètre de poche, dont le prix s'élève encore aujourd'hui à 1 000 et 1 200 fr., mais qu'il est permis d'espérer de voir bientôt réduit. Ce genre d'horlogerie, bien fait, peut aujourd'hui donner des résultats d'une précision telle, qu'on était loin d'espérer de pouvoir jamais obtenir il y a peu d'années.

Des Trous en pierre.

L'emploi des trous en pierre, dans les montres plates surtout, a été un puissant moyen de les perfectionner. Dès qu'il a été bien connu que cet agent régularisait leur marche, les établisseurs des grandes fabriques ont bien vite cherché à exploiter la crédulité publique et, dans la seule vue de faire de plus grands bénéfices sur leurs montres, ils y ont introduit un nombre de trous en pierre bien plus grand qu'il n'était nécessaire.

La tâche que nous nous sommes imposé de dire tout ce qu'on doit savoir pour faire choix d'une bonne montre nous oblige à avertir qu'il est préférable de ne mettre que quatre ou six trous en pierre dans une montre que d'en mettre dix.

Pour comprendre cette préférence à donner à une montre dans laquelle les éléments de régularité paraissent être réduits, il faut connaître la propriété des pierres, les cas dans lesquels elles sont avantageuses et ceux dans lesquels elles sont nuisibles.

Les pierres ne peuvent être employées avec avantage toutes les fois que la pièce d'acier qui est en contact avec elles exerce une grande pression ; il y a trop de danger de voir l'acier s'oxyder et se détruire en peu de temps, surtout quand il manque d'huile pour lubrifier le frottement. Dans les premiers mobiles,qui reçoivent toute la force du moteur, il arrive trop souvent des accidents semblables pour qu'on doive s'y exposer et, dans ces points, les trous et les pivots s'usent peu ordinairement lorsque la montre a été bien établie et bien conservée.

Vers les derniers mobiles, au contraire qui, étant animés d'une grande vitesse, exercent peu de pression sur les pierres, lorsque celles-ci sont bien faites et qu'il y a de l'huile, la conservation des pivots est assurée.

Si on ne met pas un plus grand nombre de trous en pierre aux bonnes montres, ce n'est pas par l'économie qu'il y a à mettre deux ou quatre trous de moins, c'est parce qu'ils seraient inutiles et mauvais. À l'appui de ce que nous avançons, nous pouvons rappeler qu'aujourd'hui, les plus habiles constructeurs de chronomètres ne mettent que six trous, et certes, ce n'est pas dans des pièces d'une aussi grande importance qu'ils feraient l'économie de quatre trous de plus, si cela offrait la moindre sécurité.

Un fait remarquable aujourd'hui, c'est que la plus mauvaise horlogerie de fabrique suisse est chamarrée de trous en pierres de mauvaise qualité et mal faites. Ainsi les grenats, les améthystes, qui ressemblent assez au rubis, y abondent. Tout cet étalage n'est imaginé que pour tromper l'acheteur.

Des compensateurs et des parachutes

En parlant des montres à cylindre, nous démontrerons l'inutilité des compensateurs. Introduire dans une machine aussi petite et aussi délicate qu'une montre un élément qui n'a aucun avantage réel, c'est évidemment nuire à sa simplicité, à sa solidité.

La pièce nommée *parachute* est au moins aussi inutile que les compensateurs. Dans l'horlogerie de commerce, elle n'est point du tout disposée pour produire l'effet que son nom indique, et fût-elle on ne peut mieux faite, elle ne produirait pas l'effet qu'on doit en attendre et qui serait d'éviter les accidents résultant d'une chute

Pour en démontrer l'inutilité sans de longs raisonnements, nous n'avons qu'un fait à citer. L'invention du parachute, tel qu'on le voit dans les montres de commerce, est de Breguet. L'amour qu'on a pour ses productions le lui faisait introduire dans ses montres marines. Là, il était vraiment bien fait et dans les meilleures conditions. Cependant, peu de temps après sa mort, sa maison jugea à propos de supprimer cet appareil, même dans des chronomètres de prix et, sans contredit, elle fit bien. Quand une invention est condamnée par son auteur ou ceux qui le représentent, comment se fait-il que d'autres en conservent l'usage ?

Ce n'est donc ni le grand nombre de trous en pierres, ni les compensateurs et les parachutes, qui constituent une bonne montre. Ainsi, par cela seul que ces éléments inutiles sont introduits avec profusion dans une montre, on doit la suspecter d'être au moins médiocre, si ce n'est très mauvaise car de deux choses l'une : ou celui qui a établi la montre ignorait l'inutilité de pareils éléments, et il ne peut inspirer une grande confiance, ou bien il les a introduits dans la montre, dans la seule vue de lui donner plus de prix aux yeux du public et, sous ce rapport, il est très répréhensible. Le nombre des montres bien faites dans lesquelles ces pièces sont introduites est trop restreint pour qu'on doive les rechercher.

- IV -

Des préjugés sur les montres à secondes

Les montres à secondes sont aujourd'hui très répandues et deviennent de plus en plus indispensables, à cause des nombreuses observations dans lesquelles la mesure du temps entre comme élément.

Les plus simples sont celles dites *à petites secondes* ou *trotteuses*, que tout le monde connaît. Cette double dénomination vient d'abord de ce que le diamètre du cadran des secondes est plus petit que le rayon du cadran des minutes, et de ce que l'aiguille faisant cinq battements ou pas dans une seconde, l'œil peu exercé ne distingue pas les cinq temps d'arrêt, et qu'elle paraît avoir un mouvement circulaire, uniforme et continu.

Celles qu'on nomme à secondes indépendantes diffèrent complètement des précédentes : l'aiguille de secondes est portée par un axe au centre du cadran ; elle s'étend jusqu'au limbe des minutes, qui est commun aux deux aiguilles. L'aiguille de secondes frappe la seconde entière et d'un seul battement, c'est-à-dire que, de seconde en seconde, elle passe d'une division à la division suivante avec une très grande vitesse, et qu'elle reste ensuite immobile sur la division le temps nécessaire. Si l'aiguille emploie 0"1 de temps pour passer d'une division à l'autre, elle reste immobile 0"9 de temps sur la division. La somme de ces deux quantités forme la seconde entière.

Ces montres jouissent d'une très grande faveur dans le public, et comme elles sont beaucoup plus chères que les autres, les horlogers aiment assez qu'on leur donne la préférence. La vérité est que cette grande aiguille, dont chaque battement indique une seconde, a quelque chose qui charme.

La dénomination *indépendante* donnée à ces montres vient de ce qu'elles contiennent deux rouages : l'un est celui de la montre simple, l'autre est uniquement destiné à faire mouvoir l'aiguille de secondes sans absorber aucune force au mouvement qui mesure le temps. Au contraire, le mécanisme est si ingénieusement disposé, que le rouage de secondes vient ajouter quelque peu de chose à la force motrice. Ces montres sont aujourd'hui portées à un point de perfection qui laisse peu à désirer sous le rapport de la composition du mécanisme.

Un petit verrou en dehors de la boîte permet de faire arrêter ou marcher l'aiguille à volonté. Cette disposition les rend d'un usage très facile pour les personnes peu habituées aux observations. Cependant, ces montres ont un grave inconvénient qui fait que l'emploi du verrou peut induire en erreur de 1" environ. Cette incertitude ne permet pas de se servir du verrou dans les observations délicates, et surtout lorsque le phénomène à observer ne dure que quelques secondes.

Pour comprendre à quoi tient celle incertitude, il faut connaître les effets de ce mécanisme, les voici : le rouage de secondes est retenu par un petit bras de levier *v* qu'on nomme *volant* ; ce volant se repose (pendant tout le temps que la roue R doit rester immobile) sur une des ailes du pignon de la roue d'échappement P ; lorsque ce pignon, qui fait un tour en six secondes, a achevé ⅙ de sa révolution, le petit volant, échappé et emporté par la force motrice qui l'anime, se meut sur son axe avec une vitesse extrême mais, lorsqu'il a achevé une révolution presque entière, il rencontre l'aile suivante du pignon, se repose contre elle, et pendant que le pignon P achève une seconde fois ⅙ de sa révolution ; puis, il échappe de nouveau et recommence une révolution sur son axe et un repos à chaque seconde.

Si on fait arriver instantanément un obstacle B, fixé à la platine, et contre lequel le petit volant vient s'arrêter à l'instant où il quitte l'aile du pignon, l'aiguille reste immobile pour l'œil car l'arc de cercle *a, b*, que décrit le petit volant est de 4 ou 5 degrés, mais la vitesse angulaire de l'aiguille de secondes A, étant soixante fois plus petite que celle du volant, n'accuse pas à l'œil nu une aussi petite quantité ; cette distance *a, b*, a été exagérée dans la figure, afin de la rendre plus intelligible.

Il résulte de cette construction que, quand on pousse le verrou V pour arrêter l'aiguille, elle reste sur la division sur laquelle elle se trouvait un, deux, trois ou quatre cinquièmes de seconde avant que le verrou fût poussé ; la position de l'aiguille sur le cadran ne marque pas exactement l'instant où la main a poussé le verrou mais un, deux, trois ou quatre cinquièmes de seconde de moins.

D'autre part, il y a erreur en sens opposé lorsqu'on met l'aiguille en marche, et voici comment : pendant que le rouage est arrêté, le petit volant se repose contre la bascule B, et lorsqu'on l'éloigne au moyen du verrou V pour laisser l'aiguille libre, elle part instantanément et va tomber sur l'aile du pignon. Mais cette aile de pignon peut se trouver en quatre positions différentes : celle où elle a la seconde entière à parcourir avant de laisser échapper le petit volant, et celle où il lui reste encore quatre cinquièmes, trois cinquièmes, deux cinquièmes ou un cinquième. Ainsi, il peut se faire et il est même probable que l'aiguille parcourra la première division en moins d'une seconde, de même qu'il est probable qu'elle retardera dans l'indication de la dernière division.

Il pourra donc se faire qu'il y ait une erreur de près d'une seconde, lorsqu'on fera une observation au moyen du verrou ; cette erreur ne sera rien dans beaucoup de cas, mais aussi quand on doit constater la durée d'un phénomène de 3", 4" ou 5", il est impossible d'être dans l'incertitude d'une seconde. Pour faire une observation exacte, il faut laisser marcher l'aiguille et fractionner les secondes mentalement(50).

L'aiguille de secondes A est ajustée sur la roue R, et fait avec elle une révolution pour soixante révolutions du volant ou un tour par minute.

La construction des montres à petites secondes est bien différente ; si le rouage de la montre est nombré de manière à ce que l'avant-dernier mobile fasse soixante révolutions pour une de la roue du centre qui marque les minutes, qu'on laisse à ce mobile un pivot assez long pour traverser le cadran, et qu'on fixe une aiguille sur ce pivot prolongé, on aura de suite une montre à petites secondes.

Cette montre différera de la seconde indépendante, en ce que :

1. l'aiguille fera plusieurs battements en une seconde ;
2. elle ne pourra pas être arrêtée sans arrêter le mouvement.

Mais si le rouage n'était pas bien disposé, si les nombres n'étaient pas dans le rapport convenable pour que l'aiguille de seconde fasse précisément un tour en une minute, une telle montre ne donnerait aucune exactitude. C'est précisément ce qui a été fait très souvent. Les fabriques qui ne s'occupent que de vendre leurs produits ont, dans un temps, versé dans le commerce une grande quantité de montres communes avec des petites secondes. L'irrégularité en a été constatée souvent et, partant de là, le préjugé s'est répandu, et les montres à petites secondes passent pour mauvaises, par cela seul qu'il en a été fait de mauvaises.

(50) On fait des compteurs qui se prêtent à tous les cas d'observations possibles et qui donnent les fractions de seconde avec une grande précision.

Cependant ces montres sont beaucoup plus simples et plus sûres que celles à secondes indépendantes : les indications qu'elles donnent de la seconde et de ses fractions sont tellement exactes que ce système est employé dans les chronomètres pour la marine, et dans toute l'horlogerie de précision.

C'est cet exemple que nous citons toujours pour décider les personnes qui s'adressent à nous, quoique nous préférions, comme tous les horlogers, vendre des montres à secondes indépendantes, qui sont d'un prix plus élevé ; mais consciencieusement, nous faisons d'abord tous nos efforts pour déterminer à faire l'essai des montres à petites secondes.

- V -

Sur les chronomètres ou montres marines

Le mot chronomètre, qui signifie *mesure-temps*, pourrait s'appliquer à toutes les machines destinées à mesurer le temps ; mais des dénominations spéciales étant données en particulier à chaque genre de ces machines, le mot chronomètre a été attribué à des montres dans lesquelles l'art déploie tout ce qu'il a de ressource pour arriver à la plus exacte mesure du temps.

Il est des chronomètres de deux dispositions différentes : les uns sont nommés chronomètres de poche, parce qu'ils sont destinés à être portés dans la poche comme une montre ordinaire ; les autres, désignés sous le nom de montres marines, ou chronomètres nautiques, sont d'un bien plus grand volume et montés dans une boîte de cuivre, dont le diamètre n'est guère moins d'un décimètre. Cette boîte, portée par une suspension dite de cardan, maintient la pièce dans une position constamment horizontale.

Causes d'anomalie des montres

Pour bien entendre ce que c'est qu'un chronomètre, ou une montre portée au dernier degré de perfection, considéré sous le rapport de la justesse de la marche, il faut examiner les causes qui font varier les montres à l'usage usuel répandues dans le commerce ; c'est ce que nous allons faire sommairement, l'objet de ce travail n'étant pas d'enseigner l'art de construire des chronomètres mais seulement de donner une juste idée de ce que sont ces instruments aux personnes qui n'ont eu aucune occasion de les étudier.

Première cause de variation des montres

Inconstance de la force motrice, frottements variables dans l'échappement, non isochronisme des vibrations du balancier par le spiral.

La force motrice qui anime le régulateur d'une montre n'est pas naturellement constante. Quand elle serait uniforme dans le principe, cet état ne se conserverait pas, à cause de la déperdition de force du ressort, du frottement dont l'état est variable, des destructions qui arrivent dans le rouage, de l'épaississement des huiles, etc.

Il n'est donc pas dans la nature du moteur et du rouage d'une montre de transmettre au régulateur une force motrice constante. Les montres dont l'échappement est à recul étant beaucoup plus impressionnables que les autres aux changements, dans l'intensité de la force motrice accusent, à chaque instant, cette cause d'anomalie. Ces montres ne peuvent, par cette raison, marcher sans la fusée destinée à corriger en partie les inégalités du ressort dans une période de vingt-quatre heures.

Avec les échappements à repos, il s'établit une espèce de compensation qui fait qu'une différence de force motrice considérable est peu sensible dans les résultats que donne la montre. Il arrive même que, dans quelques montres, cette compensation est tellement parfaite, que la force, venant à varier du simple au double, donne peu de différence.

Cette compensation résulte :

1. de l'état des surfaces frottantes ;
2. du diamètre et du poids du balancier ;
3. du rayon des courbes au point de repos ;
4. de l'état des huiles et d'autres causes qui, pour être moins importantes que les précédentes, n'en sont pas moins réelles.

Ce succès prodigieux, obtenu dans quelques montres à l'usage civil, n'est pas toujours l'ouvrage de l'horloger ; il lui serait impossible de faire, pour un prix si modique, le travail considérable qu'il faudrait faire pour arriver à certain degré de perfection[51].

C'est ordinairement le hasard qui préside à ce succès qui, du reste, n'est nullement utile. En effet, cette compensation, qui s'opère et qui fait qu'une montre marche également bien sous l'empire de forces motrices différentes transmises au régulateur, résulte d'un certain équilibre qui

(51) On rencontre quelquefois des montres à cylindres qui, pendant un mois, ne s'écartent pas d'une minute de la pendule à secondes servant de régulateur.

s'établit entre plusieurs causes de variations agissant en sens inverse et se compensant, et comme les frottements qui ne sont jamais constants, jouent un grand rôle dans ce cas, il en résulte que cette même perfection disparaît avec les changements d'état des frottements, et que la montre fait ensuite des écarts plus ou moins grands, suivant des circonstances qui échappent à nos sens. Une régularité de marche, fondée sur de tels éléments, ne peut avoir ni longue durée, ni la perfection à laquelle des expériences, faites isolément, ont pu faire croire.

La propriété des échappements à recul d'accélérer les vibrations par une augmentation de force motrice, et celle des échappements à repos de les retarder, a fait croire qu'il y avait un terme moyen, où les vibrations du balancier devaient être isochrones.

Cette idée devait se présenter naturellement, aussi beaucoup d'artistes l'ont-ils explorée mais, après de longs et pénibles travaux, les plus clairvoyants l'ont abandonnée.

Le balancier d'une montre décrit des arcs plus ou moins grands, en raison composée de la force qu'il reçoit du moteur par l'intermédiaire du rouage et de la roue d'échappement, et du plus ou moins de résistance qu'il éprouve de la part de l'échappement, de ses pivots et du spiral. Sa vitesse angulaire, ou la durée de ses vibrations, est donc pareillement variable, en raison composée de toutes ces conditions qui affectent la marche de la machine. Une telle complication de causes qui peuvent tantôt se cumuler et affecter très sensiblement la marche de la montre dans un sens ou dans l'autre, peuvent aussi se balancer, et produire une assez grande régularité.

Dans un chronomètre qui doit garder le temps à quelques dixièmes de seconde près par jour, il faut réduire ces causes d'anomalie à la plus petite quantité possible. Voici comment on y parvient :

L'échappement qu'on emploie est nommé *échappement libre*, ce qui signifie qu'*après que le balancier a reçu l'impulsion qui lui est donnée par la roue d'échappement, il achève sa vibration sans qu'il y ait aucun point de contact entre lui et le rouage.*

Par cette ingénieuse construction, la totalité des causes de variation, résultant des frottements sur le repos, est détruite, et toutes choses égales, d'ailleurs, l'amplitude des arcs est plus grande puisque, dans l'échappement à repos, la pression qui s'opère par les courbes du repos s'oppose à ce que le balancier décrive d'aussi grands arcs que s'il était libre. Les frottements sont réduits, dans l'échappement libre, à la plus petite quantité possible, qui est la levée nécessaire à l'entretien du mouvement du balancier. Ainsi, dans un chronomètre, l'échappement libre, indépendamment de cette qualité qui lui est propre de laisser au balancier la possibilité de décrire des arcs beaucoup plus grands que l'échappement à repos, a encore celle de réduire à la plus petite quantité possible les causes de variations, résultant des frottements, puisqu'il n'existe plus que celui inséparable de la levée et du dégagement.

Cet échappement ne saurait corriger la différence qui résulte, dans la durée des vibrations, du plus ou moins d'étendue des arcs, provenant du plus ou moins de force d'impulsion donnée au balancier par la roue d'échappement. Heureusement, Pierre Le Roi, qui avait imaginé l'échappement libre, découvrit, dans le spiral, une propriété bien remarquable.

Voici comment il la formule.

> Il y a, dans tous les ressorts spiraux d'une étendue suffisante, une certaine longueur où toutes les vibrations, grandes ou petites, sont isochrones ; cette longueur trouvée, si vous raccourcissez ce ressort, les grandes vibrations seront plus promptes que les petites. Si, au contraire, vous l'allongez, les petits arcs s'achèveront en moins de temps que les grands(52).

Pour comprendre cette propriété du spiral, il faut le considérer comme étant la force qui anime le balancier, de même que c'est l'action de la pesanteur qui donne le mouvement au pendule, le rouage n'étant là que pour restituer à chaque vibration ce que le régulateur a perdu de mouvement, par la résistance de l'air et les frottements.

Théoriquement, *pour qu'un corps parcoure des espaces plus ou moins étendus en des temps égaux, il faut que les forces qui l'animent soient entre elles comme les espaces à parcourir.*

On voit au premier coup d'œil, en examinant une montre, que plus les arcs parcourus par le balancier sont grands, plus le spiral se trouve armé, et plus il acquiert de force. D'après cela, il est évident que, lorsque l'étendue des arcs décrits par le balancier augmentent, la montre ne peut pas retarder d'une quantité proportionnelle à l'augmentation des arcs, puisque la force du spiral a aussi augmenté d'une certaine quantité.

Une conséquence nécessaire est que, si la force du spiral augmente dans une proportion plus grande que celle de l'étendue des arcs, le spiral accélérera les grands arcs comparés aux petits ; que si au contraire la force du spiral augmente dans une proportion moindre que l'étendue

(52) Il paraît que Pierre Le Roi a déduit ce principe d'expériences faites dans des conditions identiques car cette formule, telle qu'il l'a posée, n'est pas vraie dans tous les cas et dans tous ces points. Ce qui est vrai et positif, c'est la possibilité de rendre isochrones par le spiral les vibrations d'inégale étendue du balancier. Ce n'est pas dans cette Notice succincte le lieu d'entreprendre le développement de cette matière longue à traiter.

des arcs, le spiral, par une augmentation de force motrice, retardera les grands arcs comparés aux petits.

Il existe donc, dans les ressorts spiraux, une certaine progression de force qui peut rendre isochrones entre elles les vibrations d'inégale étendue, et par conséquent procurer une régularité qui, sans cette propriété, est impossible.

Le spiral qu'on nomme isochrone est celui auquel on est parvenu à donner cette progression.

L'un des éléments de régularité parfaite des chronomètres comparés aux montres, réside dans l'emploi de ces deux moyens combinés : l'échappement à vibrations libres et le spiral isochrone. En effet, il serait peu utile d'avoir un spiral isochrone si les obstacles résultant d'un échappement à repos venaient masquer cette propriété et la faire disparaître en grande partie ; comme aussi l'échappement libre serait insuffisant, si une petite différence dans la force transmise au régulateur était accusée par un mauvais spiral.

Nous ne terminerons pas cet article sans dire un mot de quelques erreurs dans lesquelles sont tombés plusieurs horlogers. Les uns ont voulu que le spiral fût le correctif universel de toutes les causes de variations résultant de la différence dans l'étendue des arcs, ils se sont gravement trompés. D'autres, au contraire, ont voulu suppléer à cette propriété par divers moyens, l'erreur n'était pas moins grande ; il ne faut pas demander au spiral une perfection idéale qui n'existe pas dans la nature, et une propriété magique qui en fasse le remède à tous les maux, mais il faut se contenter de lui demander sagement les propriétés qu'on peut en obtenir ; elles sont déjà assez belles pour qu'on ne doive pas chercher à aller au-delà.

À la lecture de la formule de Pierre Le Roi, il semble que rien n'est plus simple que d'obtenir l'isochronisme des vibrations par le spiral ; la chose n'est cependant pas aussi facile qu'il nous la présente. D'autre part, en lisant l'énorme in-4° de Ferdinand Berthoud, intitulé fastueusement : *Traité des Horloges marines*, et qui n'est autre chose qu'un étalage de ses compositions bizarres, pour ne rien dire de plus, à travers lequel, il est vrai, on trouve çà et là de bons principes, on serait tenté de croire que l'isochronisme des vibrations par le spiral est la chose la plus difficile à obtenir.

Tout ce déploiement de théorèmes, de corollaires, n'aurait-il point été dicté à Ferdinand Berthoud par l'envie ? n'aurait-il pas voulu s'approprier la belle découverte de Pierre Le Roi ? Quoi qu'il en soit, ce qu'il y a de certain, c'est qu'il n'y parvint pas.

Ce fait constaté cent fois par les artistes, que l'isochronisme peut s'obtenir dans des circonstances toutes différentes de celles qu'il avait données comme indispensables, est venu faire crouler tout cet échafaudage, fruit de ses rêveries.

Nous ne voulons pas dire, cependant, que tous les spiraux quelconques soient isochrones, mais seulement que cette propriété ne résulte pas directement et exclusivement de telle ou telle proportion dans la forme de la lame.

De ce qui précède, on peut conclure que, dans les montres ordinaires, l'inégalité de la force motrice, les frottements de l'échappement, la puissance du spiral(53), sont autant de causes d'anomalie qui tantôt se compensent, tantôt se cumulent, selon les caprices de certain hasard(54), et apportent ou cet état de régularité parfaite et momentanée que l'on remarque quelquefois, ou ces petites irrégularités dont on ne peut se rendre maître.

Dans les chronomètres, la grande puissance du balancier, la réduction des frottements, l'égalité de la force motrice et la propriété du spiral de corriger de petites différences résiliant de l'étendue variable des arcs, sont autant de moyens d'arriver à la perfection désirée.

Deuxième cause de variation

Les changements de température

Un changement d'état dans la température à laquelle une montre est exposée, détermine un changement dans sa marche mais comme l'influence de la température se fait sentir principalement sur trois points distincts, et qu'il en résulte des effets différents, il n'y a rien de fixe et de précis à cet égard dans les montres à l'usage civil, et selon les conditions dans lesquelles se trouve la montre, la compensation naturelle qui se produit lui donne plus ou moins de régularité.

Il convient d'examiner successivement les principaux effets de la température pour voir comment on arrive à en réduire les influences.

(53) On entend ici, par puissance du spiral, la propriété qu'il peut avoir ou d'accélérer les grands arcs comparés aux petits, ou d'accélérer les petits arcs comparés aux grands.

(54) Ceci ne signifie pas que le hasard fasse les bonnes et les mauvaises montres, mais seulement que, dans deux montres également bien faites, il peut exister de légères différences de marche que des observations rigoureuses indiqueraient, sans que cela soit le fait de l'horloger.

Premier effet de la température

Dilatation ou contraction du spiral

L'élasticité des ressorts métalliques augmente ou diminue selon que la température à laquelle ils sont exposés est basse ou élevée. Le spiral étant soumis à cette loi commune, une montre doit avancer par cette cause à mesure que la température s'abaisse, puisque la force élastique de ce ressort augmentant, il rappelle avec plus de vitesse le balancier. Une élévation de température produisant l'effet inverse, la montre devrait retarder à mesure que la chaleur augmente et selon une proportion qui pourrait être déterminée si, comme on le verra bientôt, il n'existait une compensation naturelle qui vient plus ou moins contrebalancer l'influence produite sur le spiral.

Deuxième effet de la température

Dilatation et contraction du balancier

Un balancier étant donné, si on rapproche sa masse de son centre, toutes choses restant, d'ailleurs, les mêmes, la montre avance ; en l'éloignant du centre du balancier, le contraire arrive. Tous les corps se dilatant par la chaleur, la masse du balancier se trouve plus loin du centre, lorsque la montre est portée dans le gousset à une température de 30 ou 35°, que lorsqu'elle est suspendue(55) dans un appartement à 12 ou 16° ; elle doit donc retarder au gousset et avancer lorsque la température s'abaisse. Il en sera de même toutes les fois que la température changera par une cause quelconque

Troisième effet de la température

Changement d'état des huiles

L'huile d'olive, la plus généralement employée en horlogerie, se fige lorsqu'elle est exposée à une température au-dessous de 8° ; dans cet état, elle oppose aux mobiles, et principalement aux pivots de l'axe de balancier, une résistance assez grande pour produire un retard sensible dans la marche de la machine, surtout quand un balancier est petit et léger, ou que les pivots sont gros et longs.

Le froid produit donc sur les montres deux causes d'accélération et une de retard. Le rapport qui existe entre ces différents effets détermine le plus ou le moins de sensibilité des montres sous l'influence des changements de température. Des artistes ont cherché, par les

(55) Il ne faut pas qu'une montre soit suspendue librement de manière à pouvoir osciller comme un pendule, cela changerait sa marche.

proportions des pivots du balancier, à produire une compensation mais, lorsqu'à force de travaux et de soins, ils étaient parvenus à ce résultat, peu de mois après, tout le fruit de leur travail était perdu. La résistance que présentent les huiles à différents degrés de température n'étant pas la même lorsqu'elles sont fraîches, ou lorsqu'elles sont épaissies par le temps et la marche de la pièce, il en résulte que la compensation obtenue par ce moyen aujourd'hui, et quand on la supposerait fort exacte, ne le sera plus trois mois après, et à plus forte raison six mois ensuite.

Moyens de correction des effets de la température dans les chronomètres

Les constructions les plus variées ont été imaginées pour produire la correction des effets de la température, tant sur le balancier que sur le spiral ; ce n'est pas ici le lieu de s'occuper de toutes ces compositions, plus ou moins ingénieuses ; parlons seulement de la forme du balancier, le plus généralement adopté, et qui est représenté fig. 17.

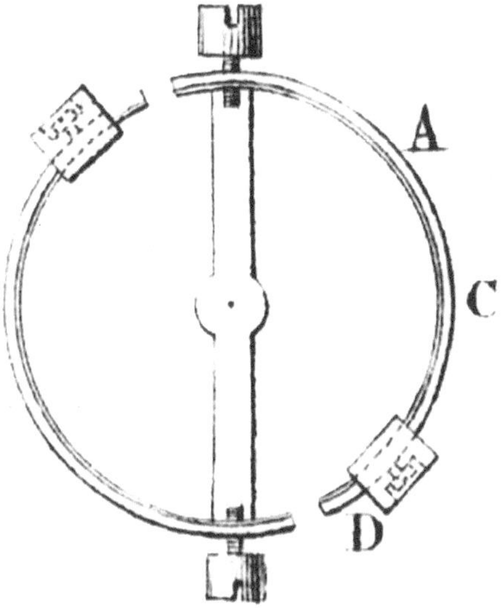

Fig. - 17.

Ce balancier est formé de deux bras ou rayons partant du centre, et diamétralement opposés. La circonférence du balancier est composée d'une lame d'acier soudée avec une autre lame de laiton, de manière que le laiton se trouve à l'extérieur, et l'acier à l'intérieur. Cette circonférence étant coupée comme la figure l'indique, voici ce qui se passe dans les changements de température, en passant du froid au chaud, par exemple : le laiton, plus dilatable que l'acier, s'allonge plus que ce dernier mais l'adhérence qui existe entre les deux métaux ne lui permettant pas de s'allonger seul, il fait courber la lame, et rentrer son extrémité vers le centre.

Le maximum de cet effet se rencontre à l'extrémité de la lame, et le minimum vers la partie la plus voisine du bras qui la porte. Donc si on dispose une masse mobile, et pouvant glisser de l'une à l'autre extrémité des lames compensatrices, et que cette masse soit une partie considérable du balancier, selon la position qu'on lui donnera le long de la lame compensatrice, elle se rapprochera ou s'éloignera de l'axe du balancier par les influences de la température. La masse compensatrice corrigera moins si elle est placée en un point A, que si elle est au point G, et moins encore que si elle est portée au point D. Comme on est maître de donner beaucoup d'effet de correction, le balancier peut aussi corriger, non seulement les différences que produit l'influence de la température sur lui-même, mais encore celle produite sur le spiral.

On ne peut déterminer, par le calcul, la position de la masse compensatrice sur les lames bimétalliques ; l'expérience l'indique, après quelques épreuves on la trouve facilement.

Pour corriger la petite variation qui résulte du plus ou du moins de fluidité de l'huile par les divers états de la température, on est privé d'un moyen direct, mais l'on réduit l'effet de cette variation à la plus petite quantité possible par la puissance qu'on donne au balancier, et l'on réduit les pivots à la plus petite dimension possible, en leur laissant seulement la solidité nécessaire.

L'expérience a prouvé que si ce moyen ne présente pas à l'esprit une satisfaction complète, du moins dans la pratique, il permet d'arriver à des résultats tellement précis, qu'il n'y a aucun inconvénient dans l'existence de cette imperfection.

Les causes légères de variation qui sont produites dans les montres ordinaires par les changements de température, ne pourraient être corrigées par un balancier compensateur, ni par aucun moyen connu, mais elles sont de peu d'importance.

Dans les chronomètres, au contraire, ces causes doivent être éloignées avec le plus grand soin, et le balancier peut seul corriger tous les effets appréciables de la température. Sous ce rapport, il remplit une fonction très importante dans la machine.

On ne doit jamais oublier que, s'il est vrai que dans l'horlogerie de précision les changements de température soient la plus grande cause de variation, ils en sont la plus petite de toutes dans l'horlogerie à l'usage civil, et par conséquent, il ne faut pas imputer au chaud et au froid tous les écarts que font les montres et les pendules.

Troisième cause de variation

Changements de position

Le changement de position d'une montre est la cause de variation la plus compliquée et la plus difficile à faire disparaître, parce que ce n'est pas une cause agissant sur un seul élément de la machine. C'est une augmentation dans les frottements, dont les conditions et les effets varient selon les différentes inclinaisons et le côté vers lequel elles ont lieu. On verra bientôt comment.

Diminution de l'étendue des arcs

Lorsqu'une montre passe de la position horizontale à la position inclinée, le balancier presse de tout son poids par la circonférence des pivots contre la paroi intérieure des trous dans lesquels roulent ces pivots. Dans cet état, ce balancier oppose donc plus de résistance par le frottement des pivots que lorsqu'il porte seulement par l'extrémité de l'axe sur un plan horizontal ou à peu près, et l'étendue des arcs diminue d'une manière très sensible.

Une simple réduction de l'étendue des arcs, sans augmentation de frottements, se corrigerait facilement par la propriété du spiral de rendre isochrones les vibrations d'inégale étendue. Mais l'augmentation du frottement complique la difficulté.

Une même inclinaison ne produit pas rigoureusement la même différence, ni dans l'étendue des arcs, ni dans les frottements, selon quelle a lieu de l'un ou de l'autre côté car, tantôt l'axe de balancier s'approche de la roue d'échappement en raison du jeu de ses pivots, tantôt il s'en éloigne ; tantôt il prend d'autres directions qui, toutes, ont une influence positive sur la marche de la pièce.

Défaut d'équilibre du balancier

Le défaut d'équilibre du balancier est une cause capitale de différence de marche par un changement de position, et le spiral qui, selon le plus ou le moins d'étendue des arcs, se jette plus d'un côté que de l'autre, est encore une cause d'irrégularité dans la marche de la pièce.

Dans les montres ordinaires, le balancier annulaire étant une fois équilibré conserverait cette propriété mais les balanciers des chronomètres étant coupés, comme on l'a vu, ont le grave inconvénient de se déformer par l'effet des températures et de la force centrifuge. Un balancier, parfaitement équilibré d'abord, perd quelquefois de cette propriété.

Dans les montres à l'usage civil, on les règle à *plat* et *pendues*, par l'équilibre du balancier.

Si on considère toutes ces difficultés, on verra que s'il est possible à l'intelligence de l'artiste d'en triompher, et qu'il n'ait pas de moyen infaillible de s'assurer pour un long avenir du fruit de son travail, il doit prendre la précaution de placer la pièce sur une suspension dite de cardan, qui lui assure une position horizontale constante ; c'est donc ce qu'on fait pour les chronomètres nautiques avec un plein succès(56).

Observation

Indépendamment des causes de variation qui viennent d'être énoncées, il en est beaucoup d'autres qui, pour être moins graves, n'en sont pas moins réelles ; il serait trop long d'en entreprendre le développement.

Quand on connaît toutes ces causes d'écart, on s'étonne du degré de précision que donnent les montres à l'usage civil, et qu'on puisse assez se rendre maître de toutes les difficultés pour parvenir à un degré de précision presque idéale dans l'horlogerie nautique.

De la composition, de l'exécution et du réglage des chronomètres

Après avoir examiné les principales causes de variation des montres ordinaires, il semblerait d'abord que rien n'est plus facile que d'y remédier, et qu'avec un spiral isochrone, un échappement à vibrations libres, un balancier compensateur des effets de la température, une suspension qui maintienne la machine dans une position constante, on doit aisément confectionner un chronomètre et obtenir une régularité mathématique.

Mais il n'en est point ainsi, et pour cela il faut encore l'accomplissement de trois conditions que nous ne ferons qu'indiquer :

1. Que la pièce soit bien composée ;
2. qu'elle soit exécutée fidèlement ;
3. qu'elle soit réglée par une main expérimentée et dans la prévision d'un avenir dont les influences sont en partie connues.

(56) La grande difficulté qu'il y a à régler un chronomètre dans toutes les positions, suggéra à Breguet l'idée d'un mécanisme on ne peut plus ingénieux. Il le nomma *tourbillon*.

Ce mécanisme est tel, que l'échappement et le balancier tournent autour de l'axe de celui-ci en une minute de temps. Quelque admirable que soit celle idée, la mise en pratique emportait avec elle des inconvénients graves, et Breguet employa peu ces moyens

De la composition de la machine

On entend par composition de la machine, le choix des éléments qui sont adoptés pour la former, leurs proportions entre eux, leurs positions et les fonctions à remplir pour arriver au résultat. Ainsi, lorsqu'un horloger veut exécuter un chronomètre sur des dispositions ou des proportions qui ne sont pas employées, il commence par déterminer le poids, l'étendue du balancier qu'il veut employer, le nombre des vibrations, l'étendue des arcs du balancier, puis la force nécessaire pour obtenir ce résultat.

Il détermine ensuite la forme et les proportions de l'échappement et du rouage.

Lorsqu'une machine est bien composée, tous ses éléments sont tellement arrangés, qu'ils sont comme indépendants les uns des autres, d'un maniement facile, et leurs fonctions s'expliquent au premier coup d'œil. De même que, dans une composition littéraire ou une œuvre dramatique, le plan de l'auteur doit s'expliquer facilement ; tous les caractères doivent être bien distincts, les événements bien liés.

Les défauts les plus graves dans la composition d'une machine qui mesure le temps viennent d'une mauvaise proportion entre les éléments. Indiquons-en quelques-uns.

Plusieurs auteurs ont tant et tant dit qu'il fallait donner au régulateur la plus grande puissance possible que, sous l'influence de cette maxime, on a trop souvent commis la faute d'employer des balanciers beaucoup plus grands et plus lourds qu'il n'était nécessaire et, dans la vue de maîtriser par une puissance considérable quelques légers obstacles à la régularité de la marche, on a introduit la nécessité d'une grande force motrice sous l'empire de laquelle de faibles défauts deviennent très graves et entraînent après eux des anomalies nombreuses. Cette erreur était la plus naturelle à commettre, aussi est-ce une de celles dans laquelle les artistes les plus capables sont tombés d'abord.

Poussant au contraire trop loin la crainte de ces inconvénients, il arrive que, si l'on emploie un balancier trop petit et trop léger, on tombe dans d'autres défauts tout aussi nuisibles.

La grosseur des pivots du balancier et des derniers mobiles, en raison du diamètre et du poids du balancier, est encore une des choses qui méritent la plus grande attention. En effet, il est palpable pour tout le monde que le diamètre des pivots d'un balancier, lourd ou léger, grand ou petit, doit varier dans ces différents cas, et qu'ainsi il appartient à l'expérience et au raisonnement d'établir ces différents rapports d'après une sérieuse étude pratique de toutes ces parties.

Si l'on passe à l'examen du nombre des vibrations en un temps donné, et de l'étendue des arcs décrits par le balancier, et qu'on considère qu'il n'est pas dans la nature des grands éléments mécaniques d'être animés d'une vitesse aussi grande que celle donnée aux petits, on en conclura naturellement que si l'on veut employer un grand et lourd balancier, il faut bien se garder de lui faire battre des vibrations aussi promptes que s'il était petit et léger.

Mais pour entrer dans l'examen de toutes les questions qui se rattachent à l'art de composer des machines propres à la mesure du temps, il faudrait entreprendre un traité de cette matière. Ce n'est pas notre pensée. Il nous suffit du peu d'exemples cités pour faire juger qu'il importe au plus haut point qu'une machine pour la mesure du temps soit composée sur de bonnes proportions par un artiste qui ait étudié par l'expérience l'importance de ce point.

Tous les artistes qui se sont occupés sérieusement d'horlogerie de précision en reconnaissent la nécessité absolue. Ils ont eu nombre de fois l'occasion de reconnaître qu'en horlogerie, surtout, dès qu'on veut porter à l'extrême une chose bonne en elle-même, il en résulte des défauts imprévus.

Quoiqu'il n'y ait entre eux aucune division d'opinion sur ce point fondamental, cependant on entend journellement des hommes qui ne se sont pas occupés du même genre d'horlogerie, dire de la manière la plus formelle qu'ils n'admettront jamais comme condition de bonne marche d'une machine, certains rapports de proportions entre les éléments qui la composent.

Que les jeunes gens se gardent bien de prêter l'oreille à de pareilles erreurs.

De la fidélité d'exécution

Sans une fidélité parfaite dans l'exécution, point de conservation de la machine, pas de régularité soutenue. Car, si les pivots ne sont pas parfaitement ronds, si les trous ne sont pas bien faits selon les principes, si le parallélisme des axes et surtout de certains éléments de l'échappement, etc., ne sont pas dans les conditions les plus favorables aux frottements, les destructions arrivent, et l'état des frottements perd naturellement sa constante égalité, dès qu'il y a altération dans quelques-uns des points de contact. Alors, leur état change tellement d'un jour à l'autre, qu'il n'est plus permis de compter sur aucune régularité.

Du réglage de la montre

L'art de régler un chronomètre consiste dans une connaissance parfaite de toutes les parties de la machine et de l'influence que chacune peut avoir sur la marche de la pièce. Il faut encore que l'artiste ait ce tact particulier, ce sentiment de la chose qui le conduit directement au résultat qu'il veut atteindre.

La difficulté du réglage d'un chronomètre ne consiste pas, comme on le croit généralement, à trouver un spiral isochrone qui corrige les petites inégalités de la force motrice, ni à faire disparaître, sous la puissance d'un balancier compensateur formé d'une lame bimétallique, les influences de la température, ni enfin à équilibrer ce même balancier. Ce sont là les moindres difficultés, parce que ce sont celles qui se manifestent promptement.

On entend chaque jour les horlogers qui ne se sont point occupés de cette partie, et même de savants physiciens, se perdre en conjectures sur les causes d'irrégularité, considérer comme très difficiles à maîtriser des causes d'irrégularité qui ne sont presque rien ; enfin, regarder comme rien ce qui est le plus difficile.

Usage de la montre marine

Une montre marine, amenée au degré de perfection qu'on peut raisonnablement lui demander, n'est sans doute pas un instrument d'une perfection idéale, que l'homme sensé ne doit pas espérer obtenir des choses humaines mais elle est cependant propre à rendre des services qu'on désirait beaucoup avant de posséder ces sortes de machines.

Voici comment on en fait usage :

Dans le port duquel on doit partir, on compare la montre à une pendule bien réglée, et dont la marche est connue par des observations astronomiques ; on en conclut facilement quelle est la quantité exacte de temps dont la montre avance ou retarde sur le temps moyen, en dix jours. Divisant cette quantité par dix, on a le mouvement diurne de la montre, c'est-à-dire la quantité dont elle avance ou retarde, terme moyen, en un jour. Puis on la met à l'heure exacte du temps moyen de ce port, ou bien on note l'état de la montre sur le temps moyen de ce point de départ.

Dans les ports de relâche, lorsqu'il n'y a pas de pendules assez sûres pour servir à déterminer le mouvement diurne d'une montre marine, on fait des observations astronomiques, au moyen desquelles on détermine d'abord le mouvement diurne de la montre, puis son état sur le temps moyen d'un méridien.

Partant, avec cette montre ainsi réglée, et connaissant son mouvement diurne et son état sur le temps moyen d'un méridien connu, on pourra savoir, à chaque instant du voyage, la différence qui existe entre l'heure du lieu où on est et l'heure du lieu d'où on est parti, qui est conservée par la montre. Et sachant, d'autre part, qu'autant il y aura d'heures de différence, autant de fois il y aura 15° de longitude, il sera très facile de déterminer d'une manière assez exacte la longitude du lieu dans lequel on se trouve au milieu des mers, si la montre a conservé sa marche.

Tel est, en aperçu, le moyen d'arriver à la solution du problème des longitudes en mer, par la mesure du temps, le plus simple de tous, celui qui n'exige que de faibles connaissances astronomiques, des observations et des calculs que tout navigateur doit être en état de faire(57).

Des chronomètres de poche

On nomme chronomètre de poche une montre plus grosse que celles ordinairement employées dans l'usage civil, construite sur les principes qui viennent d'être énoncés pour les montres marines ; seulement on y fait quelques modifications nécessitées par sa destination. Ainsi, par exemple, on fait battre cinq ou six vibrations par seconde au balancier au lieu de quatre, qui sont ordinairement données au balancier des montres marines.

Le peu d'espace que laisse la boîte d'une montre, qui doit être portée dans la poche, nécessite des modifications dans la forme et les dispositions des éléments. Enfin, la destination d'une telle pièce exige une grande attention dans le réglage, et des précautions particulières.

Des chronomètres de poche ont quelquefois donné une marche tellement remarquable, que les auteurs de ces instruments en étaient eux-mêmes surpris ; il ne faut pas en conclure, comme l'ont fait quelques personnes, qu'en général ces chronomètres soient supérieurs

(57) L'un des plus illustres savants de notre siècle a dit, il y a peu de temps, que les méthodes astronomiques devaient être préférées à l'usage des chronomètres, pour la détermination des longitudes en mer. Nous sommes bien loin de contester la grande précision et la haute importance des méthodes astronomiques dans la question des longitudes en mer. Mais nous établirons ailleurs que l'usage des chronomètres étant plus simple, plus facile et à la portée de tous les navigateurs, ne sera peut-être pas complètement remplacé par les méthodes astronomiques qui, d'ailleurs, trouvent dans ces instruments un puissant auxiliaire.

Nous invoquerons, à l'appui du système que nous défendrons, comme intéressé à la question, l'expérience d'un demi-siècle chez les Anglais, le peuple le plus navigateur du monde. Chez eux comme en France, l'usage des chronomètres a prévalu sur celui des méthodes astronomiques.

à ceux d'une plus grande dimension portés par une suspension ; ces derniers sont généralement et doivent toujours être préférés.

Lorsqu'on veut obtenir d'un chronomètre de poche la plus grande régularité possible, il convient de le poser horizontalement dans une boîte, de le fixer à cette boîte par une légère pression, et de le maintenir constamment dans l'état d'horizontalité où on l'a placé, et d'éviter toute agitation, tout mouvement brusque.

L'agitation que donnent quelques personnes à leurs montres, en les remontant, et en les faisant tourner sur elles-mêmes, et en sens inverse de la clé, est une des choses les plus nuisibles à la marche d'une montre, et surtout d'un chronomètre.

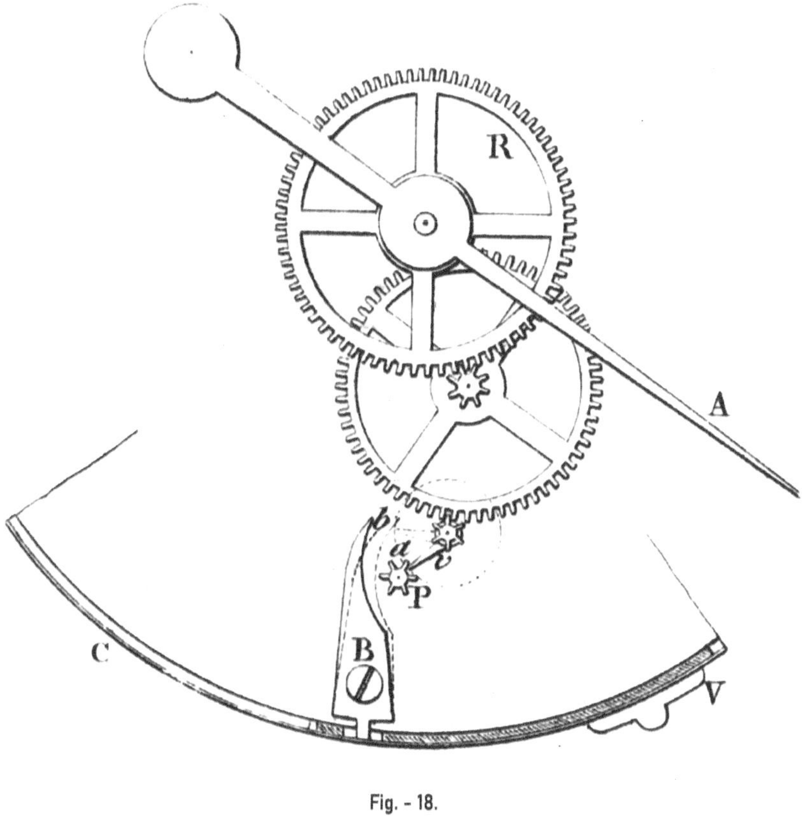

Fig. - 18.

- VI -

Sur les montres à cylindre

L'échappement à cylindre, tel qu'on l'emploie aujourd'hui, fut inventé, il y a plus d'un siècle, par Graham, célèbre horloger anglais, mais la forme des montres françaises auxquelles on l'applique maintenant, est d'une invention beaucoup plus récente. Ce fut Lépine, horloger distingué de Paris, qui imagina de remplacer une cage, formée par deux platines et des piliers, par une seule platine portant des ponts.

La forme première, imaginée par Lépine, laissait beaucoup à désirer car la manière dont il montait le barillet perdait un espace considérable.

Lépine employait dans ces montres un échappement de son invention, connu sous le nom *d'échappement à virgule* ; une théorie toute favorable et de premiers essais non moins heureux donnèrent une grande vogue à cet échappement. Après quelques années, l'expérience démontra les défauts de l'échappement à virgule et fit donner la préférence à l'échappement à cylindre. Dans un grand nombre de montres sortant des ateliers de Lépine, on en est venu à remplacer l'échappement à virgule par un échappement à cylindre.

La première idée de Lépine de remplacer la cage par une platine et des ponts, ne pouvait, comme toute chose, être portée à la perfection dès son origine. Il a fallu plus d'un demi-siècle pour la conduire au point où elle est aujourd'hui, et la perfection des montres actuelles, sous le rapport de la bonne distribution des éléments qui les composent, et du rapport qui existe entre eux, dans leur étendue, leurs forces, la résistance, laisse peu à désirer.

Si l'on est parvenu à un grand point de perfection dans la distribution de la machine et dans l'exécution de toutes les parties, il faut convenir aussi que la cupidité des producteurs dans les grands centres de fabrication et l'ignorance du vulgaire, ont conduit à faire de si mauvaises machines, que souvent il est impossible, même aux hommes les plus capables, de les faire marcher. On fera donc sagement de se délier de ces montres que l'on expose journellement comme des merveilles à bon marché, parce qu'elles ont un grand nombre de trous en pierre, des cylindres en pierre, des compensateurs, des parachutes ; tout cet accompagnement n'y est introduit que pour vendre la montre plus cher qu'elle ne vaut, et pour en imposer à ceux qui n'y connaissent rien. Quatre bons trous en rubis valent infiniment mieux que huit trous en grenat ou autres mauvaises pierres, lesquelles quelquefois sont même remplacées par un simple morceau de verre. Un cylindre en acier bien fait est de beaucoup préférable à un mauvais cylindre en pierre. Enfin, dans les montres à cylindre, le compensateur est complètement inutile, et le parachute, lorsqu'il est parfaitement bien fait, ne sert à rien, et nuit à la montre lorsqu'il est mal fait.

Quand on veut une bonne montre, il faut s'adresser à un horloger capable et consciencieux, s'en rapporter à lui, et mettre le prix nécessaire.

Du volume de la montre

Les personnes qui n'ont aucune idée d'horlogerie croient assez généralement que plus est grosse une machine à mesurer le temps, plus elle est facile à exécuter, et par suite, plus sa perfection est grande. Pour juger que c'est une erreur, qu'on rapproche un instant les deux points extrêmes du genre de machines qui servent à mesurer le temps : l'immense horloge de clocher et la petite montre que portent aujourd'hui nos dames dans leurs ceintures, et l'on comprendra à l'instant même, que si l'idée généralement reçue était vraie, la petite montre ne marcherait pas du tout et serait d'une grande difficulté d'exécution, tandis que rien ne serait plus facile que de construire une grosse horloge d'une admirable précision.

Il n'en est pourtant pas ainsi. La confection de chacune de ces deux pièces a ses difficultés particulières, et possède des moyens d'exécution appropriés à ces difficultés. D'autre part, la théorie de l'un et de l'autre de ces genres d'ouvrages et de ces machines si différentes entre elles, présente des difficultés qu'on peut considérer comme équivalentes ; il est tout aussi difficile de faire une montre de dame, même la plus petite, qu'une grande et bonne horloge. Nous allons classer les montres à cylindre en trois degrés différons sous le rapport du volume, et nous développerons les inconvénients et les avantages attachés à chacun.

Des grosses montres

Les montres à cylindre auxquelles nous donnerons la qualification de grosses montres, sont celles dont le diamètre du cadran excède cinq centimètres, telles qu'on en faisait beaucoup il y a vingt ans et plus.

Dans ces montres, il y avait une grande surabondance de force motrice et en même temps beaucoup d'espace perdu. La surabondance de force motrice en a imposé longtemps à ceux qui ne voient, dans une pièce d'horlogerie, que le résultat qu'on obtient dans le moment, et non les inconvénients qui se manifesteront plus tard

Cette surabondance de force permettait de placer dans ce genre de montres un régulateur assez puissant pour vaincre bien des obstacles. La montre marchait assez longtemps sans être nettoyée, parce que, sous l'empire d'une telle force, la coagulation des huiles était peu sensible. Cette qualité était estimée, et la montre réputée très bonne.

Mais comme en mécanique un avantage est inséparable d'un inconvénient, de grandes destructions assez promptes et graves se manifestaient. Au lieu de diminuer la cause, on chercha des correctifs pour le mal. Les pierres fines, le rubis et le saphir, furent les principaux agents auxquels on eut recours. On mit dans une montre jusqu'à dix trous en pierre et le cylindre lui-même porta une pierre pour que, dans la partie qui travaille, l'action de la roue fût reçue par une pierre et non par une partie d'acier.

Il eût été plus sage de diminuer la cause du mal, que de recourir à un tel expédient toujours accompagné d'inconvénients nouveaux qu'on n'avait pas prévus. Le remède simple était la réduction de la force motrice à la quantité strictement nécessaire pour avoir une bonne marche et une montre de longue durée.

Dans une montre, la première roue éprouve une pression assez considérable ; lorsque les trous dans lesquels tournent ses pivots sont en pierre, il se manifeste assez souvent des destructions graves, les pierres ne pouvant supporter de grandes pressions ni le contact immédiat de l'acier, sans l'intermédiaire de l'huile. On a vu souvent une limaille d'acier extrêmement fine se former dans un trou duquel l'huile s'était éloignée. Cette limaille oxydée faisait l'effet d'un scellement tel que, pour retirer la roue, il fallait l'arracher avec force et jamais sans danger pour quelques parties de la machine.

Huit trous en pierre ont moins d'inconvénients que dix mais, lorsque la montre est construite de manière à exiger beaucoup de force, il serait préférable qu'il n'y en eût que six. Le cylindre en pierre présente le grand avantage d'être moins destructible[58], mais il entraîne après lui quelques inconvénients qu'il est bon de signaler :

1. - La disposition nécessaire pour porter la pierre nommée *tuile* en horlogerie pratique entraîne une augmentation notable dans le poids de la partie qui est au centre de rotation, ce qui est un vice bien connu de tous les constructeurs de machines quelconques ;

2. - La manière dont est construite cette monture de la pierre ne permet pas de penser que les surfaces cylindriques que porte la pierre puissent être rigoureusement concentriques à l'axe du balancier, d'où il résulterait que l'échappement serait tantôt à recul, tantôt avec un *tirage*, que quelquefois même il participerait de l'un et de l'autre.

Ce dernier inconvénient, dans un cylindre, d'avoir des arcs de cercle qui ne sont pas concentriques à l'axe du balancier, est un obstacle à la parfaite régularité de la montre ;

3. - La monture d'un cylindre en pierre est une pièce difficile à exécuter ; elle est très fragile et telle chute qui ne produirait aucun accident sur une montre à cylindre d'acier, met souvent hors de service la monture d'un cylindre en pierre.

Outre que ces grandes montres avaient les inconvénients qui viennent d'être signalés, elles avaient encore le défaut d'espace perdu et, sous une enveloppe volumineuse, elles ne contenaient que les éléments qui, mieux disposés, auraient occupé beaucoup moins de place.

Le public a trouvé ces montres trop grosses. Cette fois, il a eu raison, et les fabricants ont réduit le volume à la proportion de quatre centimètres à quatre centimètres et demi, que nous appellerons montres moyennes, et dont nous allons parler.

Des montres moyennes

Breguet, qui excellait principalement dans l'art de disposer une machine avec une grâce, une économie d'espace et un arrangement qui flatte l'œil, retourna le barillet de Lépine et distribua le reste de la montre de manière à économiser tout l'espace qu'on perdait avant lui.

Les fabricants profitèrent de son exemple et, tout en conservant ses dispositions, ils firent disparaître les difficultés d'exécution que cet artiste, si justement célèbre, avait la faiblesse d'introduire avec profusion dans les travaux qu'il faisait exécuter.

Le public, qui ne peut pas être juste appréciateur dans une pareille matière, se plaint quelquefois de ce que les montres actuelles ont besoin

(58) On voit cependant quelquefois la tuile coupée par la roue qui est en acier.

de passer entre les mains de l'horloger plus souvent que les grosses montres à verge anciennes et il ne s'aperçoit pas qu'au moyen de ce faible entretien, il peut conserver sa montre dans un état primitif pendant de longues années, et avoir constamment une marche si régulière que jamais celle des anciennes montres à verges n'en approchait.

Dans les montres moyennes dont nous parlons, on a supprimé avec raison le cylindre en pierre. On ne met ordinairement que quatre ou six trous, mais il faut bien l'avouer, pour satisfaire le caprice du vulgaire, on fait ces montres trop plates. Il serait à désirer que le public se résignât à porter des montres un peu plus épaisses ; les réservoirs qui contiennent l'huile aux pivots seraient plus grands, il y aurait plus de sécurité pour que les pivots soient constamment abreuvés d'huile ; les mobiles ayant entre eux plus d'espace, on ne les verrait pas, aux moindres accidents, venir se toucher l'un et l'autre et apporter ainsi les perturbations dans la marche de la machine.

Les montres moyennes, dont nous venons de parler, peuvent offrir, quand elles sont bien entretenues et qu'elles ne sont pas trop plates, une marche égale à celle des anciennes grandes montres à cylindre, sans avoir leurs mêmes causes de destruction mais, telles que le public les veut aujourd'hui, le seul reproche qu'on puisse leur adresser est d'être trop plates.

Des Petites montres.

En considérant comme petites montres, celles dont le diamètre n'excède pas trois centimètres, nous n'avons à leur faire que le reproche de manquer d'espace pour avoir un moteur et un régulateur puissants, et un espace suffisant entre les mobiles.

De ces inconvénients, il résulte que de telles montres ne peuvent pas se régler aussi bien que des montres plus fortes, que l'épaississement des huiles produit un effet très sensible sur leur marche, et qu'elles ont besoin d'être nettoyées très souvent.

La fantaisie des fabricants, et surtout le désir de vendre leurs produits à des prix élevés, les ont souvent conduits à introduire dans ces montres des cylindres en pierre qui n'étaient d'aucune utilité dans une aussi faible machine. À quoi servait-il de cuirasser ainsi une pièce qu'aucune arme offensive ne menaçait. Heureusement on voit déjà disparaître beaucoup de ces précautions, et nous pouvons espérer que bientôt les producteurs ne feront plus de telles fautes.

Quels que soient les soins donnés à l'exécution de ces petites machines, on ne pourra jamais en attendre des résultats aussi satisfaisants, que de ceux produits par les montres d'une plus grande dimension, dont il a été parlé plus haut.

Influences des températures sur les montres à cylindre

Tout le monde sait que, lorsque les montres ou les pendules passent d'une température élevée à une température plus basse et réciproquement, leur marche est affectée, mais il est bien peu de personnes, même parmi les horlogers, qui sachent au juste quel est l'effet que produit cette cause de variation. Aussi, quels que soient les écarts que fasse une montre ou une pendule, soit dans le sens qu'un changement de température a dû produire, soit dans un sens inverse, on entend à chaque instant attribuer les anomalies à cette cause qui ne les a point produites.

La nature elle-même, qui fournit cette source d'irrégularités, produit en même temps, et principalement dans les montres à cylindre, un moyen de correction qui réside dans l'épaississement des huiles, par un abaissement de température et une plus grande fluidité, lorsque la chaleur succède au froid ; nous reviendrons encore sur cet effet, nous l'examinerons en détail.

Les artistes, non contents de cette propriété naturelle, ont cherché les moyens mécaniques de corriger les influences de la température sur les machines qui mesurent le temps ; ils sont parvenus à agir sur le régulateur de manière à rendre son effet variable, et dans un rapport constant avec les changements de température.

Ceci posé, on va voir :

1. - Comment les changements de température apportent des différences dans la marche des machines qui mesurent le temps ;

2. - Qu'il existe dans ces machines, et notamment dans les montres à cylindre, un élément de correction de ses effets, mais que la correction qui en résulte n'a pas toujours la même somme d'effets ;

3. - Que les moyens mécaniques employés par les artistes ont des effets constants, et qui doivent être considérés comme tels ; nous en tirerons la conséquence que dans les montres à cylindre, il est inutile d'introduire des compensateurs.

Comment les changements de température influent sur la marche d'une montre.

Tous les corps se dilatent par la chaleur, c'est-à-dire qu'à mesure que la température d'un corps s'élève, ce corps augmente de volume dans tous les sens ; cette loi est générale : les solides, les liquides, les gaz y sont soumis, seulement, tous ne jouissent pas d'une égale dilatabilité.

Les métaux élastiques, en même temps qu'ils augmentent de volume, par une élévation de température, perdent un peu de leur élasticité et, réciproquement, lorsque le froid les contracte, ils en acquièrent. Lorsqu'une montre passe d'une température peu élevée à un plus haut degré de chaleur, voici ce qui arrive.

Tous les éléments de la machine étant soumis à la loi générale de dilatation augmentent de volume, ainsi le diamètre du balancier devient plus grand qu'il n'était. On sait, aussi bien par l'expérience que par la théorie, que plus le diamètre d'un balancier est grand, plus ses vibrations sont lentes, toutes choses étant, d'ailleurs, supposées les mêmes. Puisqu'un balancier augmente de diamètre par une élévation de température, que ses vibrations deviennent plus lentes, la montre doit donc retarder.

Cette cause de retard n'est pas la seule que la chaleur produise, en voici une seconde : elle fait sentir son influence au principal élément qui détermine la vitesse des vibrations du balancier, force élastique du ressort réglant, vulgairement appelé spiral, de sorte qu'aussitôt qu'une élévation de température arrive, ce spiral augmente de longueur, perd de sa force, et la montre doit retarder. De même, au contraire et réciproquement, dès que la température s'abaisse, ce ressort se raccourcit en se contractant, ses vibrations deviennent plus accélérées, et la montre doit avancer. Une élévation de température, en diminuant la force élastique du spiral, et en augmentant le volume du balancier, est donc une double cause de retard mais en même temps que cette élévation de température apporte ces deux causes de retard, elle produit une cause d'avance qui vient contrebalancer en partie les deux causes de retard signalées, la voici.

De la correction naturelle par l'épaississement des huiles

Personne n'ignore qu'à une basse température, telle que celle de 4° ou 6° au-dessus de zéro, les huiles d'olive employées pour lubrifier les frottements dans les montres se figent ; plus l'huile est épaisse, plus la résistance qu'elle oppose au mouvement des pivots du balancier est grande et, par conséquent, plus la montre retarde[(59)]. Donc, en même temps qu'un abaissement de température apporte deux causes d'avance, l'une par la diminution de diamètre du balancier, et l'autre

(59) Ainsi, à ne considérer que cet effet seul des températures, le froid ferait retarder les montres en coagulant les huiles, et la chaleur les ferait avancer.

par la contraction du spiral, il produit une cause de retard par le plus grand épaississement des huiles, d'où il résulte que la montre peut être dans trois conditions différentes, ainsi : les causes de retard résultant de l'agrandissement du balancier et de l'affaiblissement du spiral par la chaleur peuvent être plus puissantes que celles d'avance, produites par la plus grande fluidité de l'huile, et alors la montre doit retarder par la chaleur, et avancer par le froid

Si la puissance des huiles, au contraire, est très grande, il arrive que la montre avance par la chaleur, et retarde par le froid, effet précisément inverse à celui qui a lieu dans le premier cas que nous venons de citer.

Les rapports entre ces deux causes contraires peuvent aussi être tels qu'il y ait entre elles équilibre parfait, et alors la marche reste uniforme quoique les températures soient différentes.

Les influences de la température sur le balancier et sur le spiral produisent constamment les mêmes effets ; si la résistance variable des huiles n'était pas là, une montre à cylindre varierait constamment de la même quantité, et dans le même sens, chaque fois qu'on la ferait passer de la température zéro, par exemple, à 20° au-dessus ; mais il n'en est pas ainsi : plus les huiles s'épaississent par le temps et la marche de la pièce, et plus elles ont d'effet pour corriger les influences de la température ; il en résulte que la compensation naturelle qu'elles produisent a plus d'effet de compensation six mois après que la montre marche, que dans l'instant où elle vient d'être nettoyée.

Les compensateurs mécaniques employés par les horlogers pour corriger les effets de la température, agissent d'une manière uniforme, tandis qu'au contraire, les huiles, par leur état d'épaississement variable, produisent un effet qui n'est pas constant ; donc, il en résulte que si l'on adapte à une montre à cylindre un balancier compensateur, et qu'on suppose son effet parfaitement réglé au moment où l'on vient de terminer la montre et d'y mettre des huiles fraîches et parfaitement fluides, après quelques mois de marche, ces huiles s'épaissiront et apporteront un bien plus grand retard par le froid, qu'elles ne le faisaient d'abord. La correction qui était faite par le balancier et qui a la propriété d'être à peu près la même, malgré un long espace de temps, produira toujours la même quantité de correction, et cette montre que nous avons supposée d'abord parfaitement réglée dans les différentes températures, ne le sera plus quelque temps après.

C'est bien inutilement qu'on met quelquefois des balanciers compensateurs à des montres à cylindre. Les petits compensateurs qui agissent sur le spiral ne sont pas plus heureux, et généralement ils ne sont mis que par des fabricants qui n'ont aucune idée de l'art de régler une montre sous des influences diverses.

Mais, disent beaucoup de personnes, un compensateur quelconque ayant toujours la propriété de diminuer les différences résultant des changements de température, il n'y a toujours que de l'avantage à l'introduire dans une montre. Sans contredit, le balancier compensateur ou même ces petits compensateurs agissant sur le spiral, pourraient avoir un effet avantageux, quelque faiblement utile qu'il fût, pour la régularité de la montre, s'ils étaient introduits dans ces machines par une main exercée à l'art du réglage des chronomètres, mais les ouvriers qui font l'horlogerie à l'usage civil n'ayant en général aucune idée de cette partie, ils ne peuvent pas s'occuper d'un réglage exigeant une expérimentation suivie.

La dépense qu'exigerait l'exécution d'un balancier compensateur pour une montre à cylindre, et le travail nécessaire au réglage devant coûter au moins deux ou trois cents francs, elle ajouterait trop peu de choses aux résultats qu'on doit attendre de la montre, et d'ailleurs, elle ne remédierait en rien à toutes les autres causes de variations inhérentes à ce genre de machine, pour qu'on doive se la permettre. On fera donc bien de ne pas introduire dans les montres un élément si peu utile et si dispendieux.

- VII -

Observation sur l'échappement à cylindre

Quoique ce ne soit point ici le lieu de traiter des principes de l'échappement à cylindre, nous ne pouvons garder le silence sur une erreur que quelques personnes cherchent à propager. Nous voulons parler de la roue, dans la partie qui donne la levée.

Depuis cinquante ans, les artistes les plus habiles font cette partie dans la forme d'un plan incliné, et par cette raison, on la nomme ainsi. Cependant, des faiseurs d'échappement, dont la réputation est fondée sur une belle main, substituent à cette forme rectiligne une courbe sous de vains prétextes ; c'est cette erreur que nous croyons devoir signaler aux établisseurs des grands foyers de fabrication ; ils devraient étudier assez les éléments d'horlogerie pour ne pas laisser entrer de ces fautes de principes dans leurs produits. C'est sous ce rapport seul que nous parlerons de cet échappement.

Lorsque l'échappement à cylindre commença à se répandre en France, les artistes qui s'en occupèrent furent bientôt partagés entre trois opinions. Les uns pensèrent que la dent de la roue devait porter une courbe telle que, dans tous les instants de la levée, la résistance que le spiral oppose à la roue fût uniforme. D'autres, considérant la fonction de l'échappement comme un engrenage, voulaient que, dans tous les points de la levée, la vitesse angulaire du balancier fût proportionnelle à celle de la roue.

D'autres enfin, considérant ces deux résultats comme inutiles, cherchèrent quelle serait la forme capable de donner au balancier les plus grands arcs possibles ; toutes choses égales, d'ailleurs, examinons ces trois systèmes :

Premier système

Courbe qui, dans tous les instants de la levée, éprouve de la part du spiral une résistance égale

Le principal objet d'une telle courbe était d'éviter ce qu'on nomme l'arrêt au doigt. Lorsqu'on a commencé à introduire l'échappement à cylindre dans les montres, elles étaient toutes à fusée. Ce mécanisme faisant arrêter la montre pendant qu'on la monte, il était indispensable de chercher dans l'échappement une forme qui la fît partir facilement. Mais, depuis bien des années, la fusée n'étant plus employée dans les montres à cylindre, on ne risque pas de les voir s'arrêter après qu'on les a remontées ; le motif principal de cette courbe n'existant plus, elle doit être complètement abandonnée.

S'il s'agissait de grandes machines, dans lesquelles des masses énormes sont à mouvoir par des puissances plus grandes encore, il est une infinité de cas dans lesquels il faudrait chercher à établir des rapports uniformes entre la puissance et la résistance. Mais ici cet équilibre est sans objet ; il y a plus, il est nuisible, puisqu'on va démontrer que cette propriété ne pourrait être acquise qu'en sacrifiant une certaine quantité de l'étendue des arcs du balancier, tandis qu'on doit tendre à les augmenter par tous les moyens possibles.

Deuxième système

Courbe dont chacune des parties fait décrire au balancier des arcs égaux

En matière d'engrenage, sans doute, il convient que la transmission de mouvement soit uniforme le plus possible, et que les arcs parcourus par le mobile mené soient toujours proportionnels à ceux du mobile qui mène. Mais quoique dans un échappement il y ait quelques similitudes avec un engrenage, la fonction principale de l'échappement étant de donner au balancier la plus grande étendue des arcs par la pulsion nécessaire à l'entretien de son mouvement, il doit remplir cette fonction dans les conditions les plus favorables, comme il sera démontré en parlant du troisième système.

Observation commune aux deux premiers systèmes

Toutes les courbes qu'on pourrait concevoir et tracer géométriquement sont inexécutables dans une aussi petite dimension que celle des roues d'échappement, par les moyens connus aujourd'hui. C'est donc un premier motif, pour ne pas chercher un but qu'on ne peut pas atteindre.

Toute courbe tend à la plus prompte destruction du cylindre, en raison de la décomposition de force qui se produit. Pour parler un langage intelligible pour tous, qu'il nous soit permis de comparer la roue d'échappement à un coin dont on se sert pour écarter deux parties ; on lui donne cette forme ▶, et tous ceux qui s'en servent savent très bien que plus l'angle qui forme ce coin est aigu, et plus il entre facilement entre les deux parties à diviser. Qu'on présente à tous ces manœuvres qui fendent le bois, un coin de cette forme ➨, ils le rejetteront comme impropre à leur usage.

Une roue d'échappement à cylindre remplit exactement les fonctions du coin ; comme lui, elle doit être dans ces conditions, écarter un corps d'une quantité donnée, avec le moins de dépense de force possible.

Plus une courbe sera prononcée au commencement de la levée, plus il faudra de force pour qu'elle opère le déplacement du cylindre, puis ensuite la dent glissera sur le cylindre pour ne produire qu'une très faible levée, ce qui déterminera une chute d'autant plus violente que la courbe sera plus prononcée vers sa naissance, et qu'il y aura moins de déplacements du cylindre vers la fin de la levée. Ainsi dans ce cas, la surabondance de force nécessaire pour faire passer la roue, au commencement de la levée, augmente les chances de destruction du cylindre sur la levée, et détermine plus promptement sa piqûre sur le repos au point de la chute.

Le développement d'une courbe étant toujours plus grand que la ligne droite qui tend d'une extrémité de la courbe à l'autre de cette courbe, la résistance variable qu'opposent les huiles par leur épaississement étant proportionnelles aux surfaces, augmenter cette surface, c'est multiplier cette cause d'anomalie.

Ainsi, dans une pratique éclairée, sous quelque point de vue qu'on considère les courbes, on ne trouve en leur faveur que de vaines spéculations sans utilité positive. Bien plus, c'est que leur introduction conduit à la destruction du cylindre, à la diminution de l'étendue des arcs, par conséquent à la perte d'une partie de la puissance réglante, et aux anomalies qui en sont la conséquence.

Par un calcul qui n'est pas de nature à entrer dans les considérations élémentaires auxquelles nous nous livrons ici, et par le développement des expériences que nous avons faites sur cette matière, il serait facile de démontrer que plus la courbe sera prononcée, et plus il faudra de force pour produire des arcs qui ne croîtront pas en raison de l'augmentation de force nécessitée par la courbe, et qu'ainsi une surabondance de force sans utilité pour la marche et le bon réglage de la pièce tournera à son détriment.

Troisième système

Forme capable de faire décrire au balancier les plus grands arcs, toutes choses égales, d'ailleurs

Lorsqu'un corps quitte l'état de repos pour passer à celui de mouvement, sa vitesse est moindre au premier instant de déplacement qu'au second, elle est moindre au second qu'au troisième, et cela marche progressivement ainsi jusqu'à ce qu'on ait acquis un maximum de vitesse.

Une roue d'échappement (quel que soit cet échappement) n'agit sur le balancier qu'en raison de l'excès de vitesse qu'elle a sur lui.

Ces deux principes élémentaires de mécanique serviront à démontrer que la ligne droite, ou une courbe concave qui s'en approcherait beaucoup, peuvent seules satisfaire à ce système, pour la production des grands arcs, le point de tous le plus important.

Puisqu'une roue d'échappement a moins de vitesse et de force pendant le premier dixième, par exemple, de la levée que pendant le dernier, pourquoi construire une courbe qui augmente plus la résistance pendant les premiers moments de la levée que pendant les derniers ? Les deux courbes qui satisferaient aux deux premiers systèmes sont précisément dans ce cas, elles ralentissent la menée déjà beaucoup plus difficile aux premiers moments qu'aux derniers.

La ligne droite peut être considérée comme éprouvant une résistance constamment uniforme de la part du balancier. Il n'y a pas plus de décomposition de force en un point qu'à l'autre, partout elle est sensiblement égale.

Par tous ces motifs dont le développement nous conduirait au-delà des limites d'une simple observation, les horlogers qui nous ont précédés avaient eu raison d'adopter la ligne droite, comme étant la moins destructive et la plus capable de donner un bon réglage. Cependant, on voit quelques personnes sortir de cette bonne voie pour entrer dans celle de l'erreur. C'est pour éviter aux jeunes gens studieux de semblables écarts, que nous avons cru devoir les mettre en garde contre une prétendue amélioration, que des ouvriers habiles, mais peu versés dans les connaissances théoriques de l'horlogerie, ont cru pouvoir employer.

Exécuter avec adresse et promptitude une pièce d'horlogerie est le fait d'un habile ouvrier mais déterminer la forme, les proportions de tous les éléments de la machine, n'appartient qu'à un artiste qui connaît les conditions nécessaires pour obtenir une parfaite régularité dans la marche d'une pièce. Et c'est là ce que devraient étudier les personnes qui font établir des montres et des pendules, au lieu de se borner à être le banquier de leurs ouvriers.

Remarque

Tout ce que nous avons dit ici de l'échappement à cylindre l'a été dans la supposition que l'arc de levée n'excédait pas vingt-cinq ou trente degrés tout au plus. (Par arc de levée, on entend *l'arc que la roue fait décrire au balancier pendant le passage d'une dent.*)

Les horlogers ne sont pas d'accord sur la quantité de degrés qu'il est le plus convenable de faire lever à cet échappement. Nous n'entreprendrons pas ici un profond examen de cette question d'horlogerie, nous nous bornerons à signaler un fait à l'appui des quantités que nous venons d'indiquer et que nous considérons comme les plus convenables pour la levée. C'est que, si on examine un grand nombre de montres de Paris, de Genève et de Suisse, on remarque que les mieux faites de ces montres, telles qui ont été établies avec le plus de soin, font lever beaucoup moins de degrés que les autres. Au contraire, les montres communes de Suisse, celles surtout des plus basses qualités, ont des roues dont les plans sont assez inclinés pour faire décrire au cylindre des arcs de levée de quarante degrés et même plus.

Il est des exceptions à cette observation, mais elle est cependant fondée sur un assez grand nombre de cas, pour que nous ayons cru devoir la faire remarquer.

- VIII -

Procédé pour argenter d'un blanc mat les cadrans de pendules

Préparation de l'argent

Réduire en lames minces au laminoir ou au marteau, de l'argent fin ; le dissoudre dans cinq ou six fois son poids d'acide nitrique (eau-forte du commerce) ; ajouter à la dissolution achevée quatre ou cinq fois autant d'eau que d'acide nitrique employé, plonger dans la liqueur des lames de cuivre rouge bien décapé, l'argent vient se précipiter sur le cuivre, enlever les lames de cuivre, les plonger dans une eau très claire, faire détacher l'argent et le laisser tomber dans cette eau. Ôter les lames de cuivre, les nettoyer et les plonger de nouveau dans la dissolution d'argent, pour faire ensuite détacher l'argent en les plongeant dans l'eau pure.

Répéter ces opérations jusqu'à ce qu'il ne s'attache plus d'argent aux lames de cuivre, décanter l'eau qui surnage sur l'argent, le laver à grande eau claire et pure, décanter et le sécher, pour l'employer comme il va être expliqué.

Préparation du laiton pour l'application de l'argent

Pour que l'argenture soit belle et d'un beau blanc, il faut que le laiton soit parfaitement adouci à la pierre à l'eau douce, que les horlogers emploient ordinairement. Cet adouci doit être fait sans traits et en fripant dans tous les sens.

L'adouci fait au charbon ou au papier émeri ne conviendrait pas aussi bien.

Application de l'argent sur le laiton

Pour obtenir la matière dont on doit se servir, on fait un mélange de parties égales de sel marin et de crème de tartre parfaitement pulvérisés ensemble ; puis on prend deux grammes de ce mélange de sels et on y ajoute un gramme de l'argent en poudre préparé comme ci-dessus, et l'on verse quelques gouttes d'eau pour en faire une pâte dont la consistance soit celle d'une bouillie épaisse.

Prenez ensuite de cette pâte ou avec le doigt parfaitement nettoyé, ou avec un liège très fin, ou avec une brosse de soies de blaireau(60), et frottez la pièce en frisant et en croisant dans tous les sens, jusqu'à ce qu'elle ait pris le grain que vous désirez obtenir.

Dans cette opération comme dans toutes celles de cette nature, la manière de faire ce qu'on nomme, en termes d'atelier, *le tour de main*, est fort importante pour le succès de l'opération, et ce tour de main ne s'acquiert que par l'expérience. Il est impossible de le décrire. Nous allons cependant faire quelques observations qui conduiront à l'acquérir plus promptement.

Si le mélange contenait trop de sel et trop peu d'argent, celui-ci, adhérant difficilement ne donnerait qu'un blanc peu agréable à l'œil. Le trop d'argent, au contraire, ferait de suite un grain trop gros et inégal.

Trop ou trop peu d'eau déterminerait à peu près les mêmes inconvénients.

L'application de l'argent sur une surface adoucie la veille ou depuis plusieurs jours, produit un blanc moins beau que lorsque l'adouci est fait à l'instant même où on veut appliquer l'argent.

La pureté parfaite des sels est indispensable, s'ils contenaient des parties terreuses, comme cela arrive souvent, on rayerait pendant le travail.

Il faut laver à grande eau dès que la pièce est blanchie ; au moindre retard, elle deviendrait noire.

Composition noire pour peindre les cadrans

Elle se prépare en délayant du noir de fumée très pur et très beau avec de l'essence de lavande. On y ajoute ensuite une petite quantité de vernis à l'esprit-de-vin, dit n° 1.

Cette composition s'applique sur le cadran avec un pinceau, l'adresse du peintre fait tout le reste.

(60) La brosse est ce qui vaut le mieux, mais il faut que les soies n'aient pas plus de huit ou dix millimètres de longueur. Pour cela, on lie fortement les soies et on les coupe ensuite.

- IX -

Procédé pour dorer les pièces d'horlogerie à froid, sans mercure, inventé par Henri Robert

Lettre adressée à Messieurs les horlogers,
membres de la Société chronométrique de Paris

Messieurs et chers collègues,

Après avoir lu cette lettre, vous vous demanderez peut-être comment il se fait qu'un procédé aussi simple, et tellement indiqué par celui de l'argenture, n'ait pas été trouvé depuis longtemps. Je me suis fait bien souvent cette question sans pouvoir y répondre.

Je vais vous exposer comment j'ai été conduit à cette découverte, et comment je crois qu'elle pourra avoir quelque importance en horlogerie, lorsque les personnes qui se vouent avec intelligence à des parties détachées voudront s'en occuper. Ayant médité longtemps cette matière, je me ferai un plaisir de leur indiquer quelques voies qu'on pourrait suivre.

Depuis fort longtemps, les Anglais dorent les roues de leurs montres toutes montées, et rivées sur les pignons. En France et en Suisse, lorsqu'on voulait des roues dorées à la manière anglaise, on rivait très légèrement la roue pour faire la pièce, puis on la dérivait pour la dorer, et on la rivait ensuite solidement.

Il est bien évident que le procédé anglais était préférable. Depuis peu d'années quelques-unes des personnes qui dorent les pièces d'horlogerie se sont mises à essayer de dorer les roues à la manière anglaise, et, selon l'usage, celles qui ont réussi font mystère de leurs moyens.

Plusieurs membres de la Société m'avaient souvent témoigné le désir de connaître le procédé anglais. Ayant doré quelques montres pendant mon séjour en Suisse par simple curiosité, et pour avoir une idée de ce genre de travail, et connaissant assez les ressources que cet art pouvait offrir, je pensais que le secret des Anglais devait consister dans l'application d'une substance sur le pignon, pour éviter son oxydation, qui résulterait de l'emploi qu'on fait généralement de l'acide nitrique pour dorer, et qu'en volatilisant le mercure à une température à laquelle l'acier ne change pas de couleur, la question serait résolue.

En réfléchissant en même temps aux différents procédés de dorure et d'argenture, et à la grande affinité que l'or et l'argent ont l'un pour l'autre, je pensai qu'en argentant d'abord le laiton, qui s'argente très facilement, on pourrait ensuite couvrir cet argent d'or, par le procédé de dorure dite *au bouchon*.

Le premier essai que je fis me réussit complètement, mais l'aspect de cette dorure n'avait rien qui fût satisfaisant pour l'œil. J'essayai ensuite la dorure au bouchon sur le laiton immédiatement sans interposition d'argent, et elle me réussit, mais elle ne pouvait être employée, et son aspect n'était agréable que dans les parties brunies qui sont en très petit nombre dans l'horlogerie ; ce moyen offrant peu d'applications utiles, je cherchai autre chose. La dorure au bouchon, dans laquelle j'avais réussi, me montra que l'or avait assez d'affinité pour le laiton, pour espérer qu'une application d'or, faite à la manière de celle de l'argent, donnerait quelque chose d'utile.

Je fis donc un mélange d'or en poudre, de sel marin et de crème de tartre pulvérisée, comme je l'ai expliqué pour l'argenture, et je réussis parfaitement, en employant les précautions que j'ai indiquées, lorsque j'ai communiqué à la Société le procédé de l'argenture.

Cependant l'or, dont je couvrais assez facilement la pièce, prenait une couleur sale et terne, désagréable à l'œil. En *gratteboissant* la pièce, je la débarrassai de ce mauvais aspect, mais cela revenait pour le coup d'œil à la dorure ordinaire. L'emploi des acides pour donner à l'or une belle couleur n'était pas praticable, à cause des précautions qu'il aurait fallu prendre. Après beaucoup de tentatives d'une exécution assez difficile, je parvins, comme cela arrive souvent, par le moyen le plus simple : je frottai la pièce, après l'avoir dorée, avec de la crème de tartre seule et beaucoup d'eau ; je la lavai immédiatement à grande eau chaude (40° au moins), je la savonnai avec beaucoup de précautions, pour saturer les atomes d'acide qui pouvaient être restés, puis je passai à l'esprit-de-vin pour dissoudre le savon qui pouvait rester.

Ces opérations me réussirent très bien ; néanmoins, j'obtins encore quelque chose de mieux, en frottant la pièce fortement avec une de ces moelles de sureau très dures, comme on en rencontre quelquefois.

J'ai doré ainsi des roues, des ponts, des cuvettes de montres, des masses de balanciers compensateurs, et même la partie de laiton de ces balanciers.

Lorsque l'opération est faite avec adresse et promptitude, le pignon ne se tache pas du tout ; mais s'il arrivait qu'il se colorât légèrement, on le blanchirait à l'instant avec un peu de bois tendre et du rouge à polir, très doux.

La préparation de l'or en poudre serait longue et difficile pour les horlogers mais on en trouve de différentes couleurs, ainsi que l'argent en poudre, pour l'argenture, chez les batteurs d'or, et notamment à la fabrique de M. Favrel, rue du Caire, n° 27 ; et l'on trouve la crème de tartre et le mélange de sel, parfaitement bien faits, et préparés exprès pour ces opérations, chez M. Pelletier, fabricant de produits chimiques, rue Jacob, n° 43.

Si l'on sait ménager les résidus et ne rien perdre, on n'emploiera pas pour plus de 15 centimes d'or pour dorer les trois roues d'une montre, et ce travail peut être fait en une demi-heure.

Du parti qu'on pourra tirer de ce procédé de dorure

Les cuvettes en laiton doré sont tellement monotones qu'on pourrait leur donner un aspect varié et très agréable en employant ce genre de dorure. La gravure pourrait être remplie de cire noire, comme on le fait pour les cadrans ; on pourrait aussi faire sur ces cuvettes une espèce de granit en mêlant l'or et l'argent qui iraient parfaitement ensemble

Le procédé de mise en couleur de l'or pourrait encore être combiné avec celui d'application d'or que nous avons indiqué.

Pour m'assurer de la solidité et de l'adhérence parfaite de l'or, j'ai fait passer au mat, par M. Marti, très bon doreur de Paris, une pièce dont j'avais appliqué l'or comme je l'ai expliqué.

En l'examinant avant de la passer au mat, il pensa (sans cependant en être certain) que l'or n'était pas appliqué au moyen du mercure ; ce qui le lui fit reconnaître, ce fut ce grain fin et parfaitement égal que l'application par le mercure ne donne pas, et il s'étonna de la facilité avec laquelle le mat se prononça.

Cet aperçu des moyens que j'ai employés suffira à ceux qui ne voudront que dorer quelques-unes de ces petites pièces, dont le *rappropriage*, par les moyens ordinaires, n'est pas heureux, et je le répète, si quelques personnes désirent s'en occuper sérieusement, je me ferai un plaisir de leur aider autant qu'il sera en mon pouvoir.

Je sais, Messieurs, que depuis plus de deux ans que j'ai montré à la Société des échantillons de cette dorure, plusieurs membres auraient désiré que je communiquasse le procédé ; je vous avouerai que je n'ai différé, jusqu'à ce jour, que pour bien laisser à chacun le temps nécessaire pour le chercher et le trouver comme je l'ai fait. Aujourd'hui, on dira peut-être que rien n'était plus facile ; plus de deux années se sont écoulées pour témoigner du contraire.

Je vous prie d'agréer la nouvelle assurance de la considération très distinguée avec laquelle je suis,

Messieurs,

Votre collègue très dévoué,

Henri ROBERT,
Secrétaire-général de la Société

Table des matières

Première partie

Deuxième partie

II - Du choix des pendules

III - Du choix d'une montre

IV - Des préjugés sur les montres à secondes

V - Sur les chronomètres ou montres marines

Horlogerie

www.decoopman.com

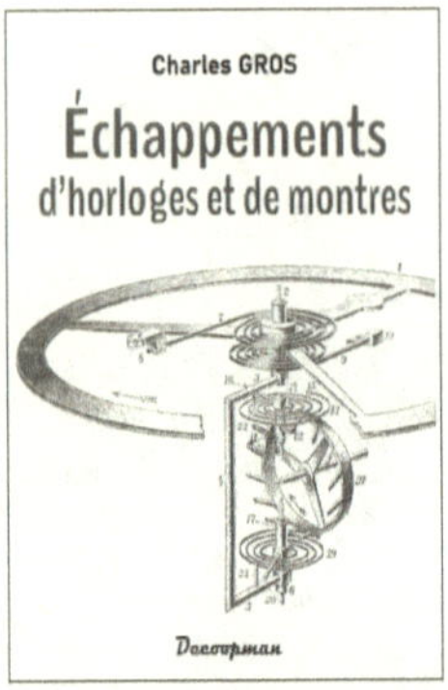

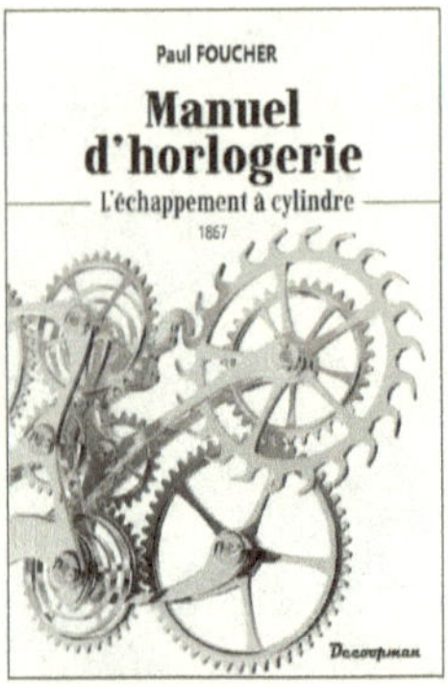

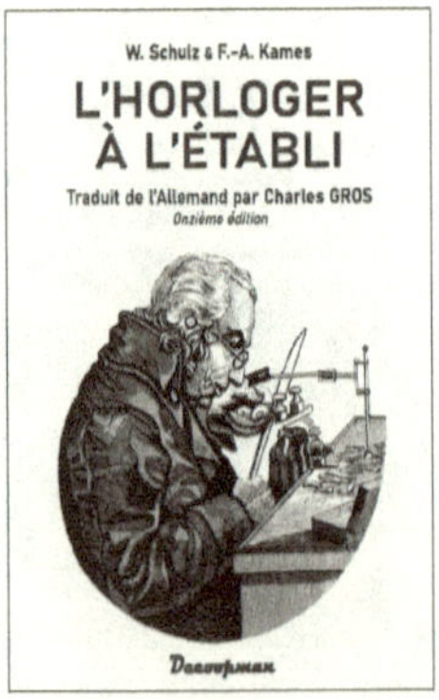

Éditions Decoopman - Ferrières - 30440 Saint-Laurent-le-Minier
web : www.decoopman.com - e.mail : livres@decoopman.com

Imprimé en France
Lightning Source - 78310 Maurepas

www.ingramcontent.com/pod-product-compliance
Lightning Source LLC
LaVergne TN
LVHW090440061026
849522LV00002B/718